高科技筑梦新时代

中国"魔盒"

吴 沅 编著

U0221953

云南出版集团 晨光出版社

图书在版编目（CIP）数据

中国"魔盒" / 吴沅编著. --昆明：晨光出版社，
2020.3
（高科技筑梦新时代）
ISBN 978-7-5715-0258-4

Ⅰ．①中… Ⅱ．①吴… Ⅲ．①空间探索－中国－少儿
读物 Ⅳ．①V11-49

中国版本图书馆CIP数据核字(2019)第176035号

中国"魔盒"

ZHONGGUO MOHE

吴 沅 编著

出 版 人　吉　彤

策　　划　吉　彤　温　翔
责任编辑　徐光辉
装帧设计　周　鑫
责任校对　杨小彤
责任印制　郁梅红　廖颖坤

出版发行　云南出版集团　晨光出版社
地　　址　昆明市环城西路609号新闻出版大楼
邮　　编　650034
电　　话　0871-64186745（发行部）
　　　　　0871-64178927（互联网营销部）
法律顾问　云南上首律师事务所　杜晓秋

排　　版　云南安书文化传播有限公司
印　　装　云南出版印刷集团有限责任公司　云南国方印刷有限公司
字　　数　130千
开　　本　720mm×1010mm　1/16
印　　张　10
版　　次　2020年3月第1版
印　　次　2020年3月第1次印刷
书　　号　ISBN 978-7-5715-0258-4
定　　价　30.00元

晨光图书专营店（天猫）：http://cgts.tmall.com

　　"高科技筑梦新时代"系列图书的出版，是深入贯彻落实国家关于全面推进素质教育和实施全民科学素质行动计划的积极举措。全面推进素质教育，切实加强科学教育，实施全民科学素质行动计划，形成尊重科学、尊重知识、崇尚创新的浓厚社会氛围，培养少年讲科学、爱科学、学科学、用科学的思维方式，弘扬时代精神。国家通过制定和完善科普政策法规，营造有利于科学传播的社会环境，这一系列硬性方针和鼓励政策也为少年科普图书的出版创造了良好的环境。

　　"高科技筑梦新时代"系列共4册，包括《中国"魔盒"》《灭癌"导弹"》《飞上蓝天的"蛟龙"》《未来水下城市》。该丛书囊括了航空航天、生物科学、海洋、能源与环境等众多领域里令人惊叹的高新科学技术知识，几乎涵盖了日常生活、工作和学习中所涉及的高科技。丛书介绍了国家的创新工程、人类的发明创造，以及未来多元化、趣味化的创新科技，利用高科技背后的有趣故事、叹为观止的科学事件、高新科技对人类生活各方面的影响，将各具特色、多姿多彩、精彩纷呈的高新科技实例展现在读者面前，将高科技"烹调"成一道人人称赞的

"营养书"。

随着高科技日新月异的发展，出现了很多创新性的科技事件，这些令人惊叹的高新科学技术就在我们身边，并且深刻地影响着我们的日常生活。少年早早地接触和认识这些高科技，了解其发展现状和趋势，从小跟上新时代科技迅猛发展的节奏，有助于增强他们对科学的兴趣，通过高科技的窗口，眺望未来科技的发展前景，为祖国为人民树立远大的理想。该丛书立足青少年本位意识，结合少年的阅读特点和理解能力，为他们奉献原汁原味的优质科普读物，使少年读者在学习科技知识的同时，在潜移默化中提高科学素质。

少年智则国智，少年强则国强。该丛书的出版对弘扬科学精神，培养创新思维，增强少年的科学意识、环境保护意识，牢固树立社会主义生态文明观等都有着十分重要的意义，也是对"科技强国梦"推动实现中华民族伟大复兴的中国梦的具体践行。中国梦连着科技梦，科技梦助推中国梦。未来世界将是一个全新的时代，需要年轻一代去创造和掌控。今天的少年是未来的主人，在他们心中播下科学技术的种子，就是实现中华民族伟大复兴"中国梦"的希望。本丛书注重科学素质的提高和科学精神的培养，让青少年在阅读中找到攀登科学高峰的方法，对继承和传播科学文化有着非凡的意义。

目 录
MULU

C919 翱翔蓝天

2017 年 4 月 16 日，国产大型喷气式飞机 C919 成功地进行了首飞前的关键一步——高速滑行测试。同年 5 月 5 日，C919 首飞一飞冲天，大获成功！自 2007 年中央作出"自主研制大型飞机"战略决策以来，C919 的第二架飞机已于 2018 年 10 月 27 日圆满完成转场试飞任务；第三架飞机于 2018 年 12 月 28 日圆满完成首

次试飞任务。中国人数十年的奋斗，数十年的艰辛，终于迈出了举世瞩目的一步！

名称的由来

C919 是大型客机，是可以载客百人以上的干线大飞机。取名 C919 的含义如下：C 为 China 的首字母，代表中国，另外，中国大飞机要与 A（Airbus，空中客车公司）、B（Boeing，波音公司）成 ABC 并立的格局；9 寓意为天长地久；19 表示具有 190 座的载客量。

最大的优势

C919 最大的优势就是由于采用超临界机翼等先进气动布局，并首创性地选用先进发动机，从而使其巡航气动效率、燃油效率较同类机型（A320 和 B737）有所提高。中国可以自豪地宣布：C919 的设计、预期性能以及构型配套绝对是世界水平，即使交付运营晚几年，届时仍有参与竞争的机会和能力。

中国人自己的项目

有人说，C919 不过是中国人造的一个飞机壳子，或者说它只

是由一堆外国的东西拼凑起来的。这些说法与事实不符，是站不住脚的。我们可以从下面的事实得到最强有力的证明：

首先，C919 全机机体和升力面是中国人自己制造的，由中国商飞、中航工业与国内一家航天企业协同完成。其次，C919 的部分航电设备、机电设备、机内设施以及部分高性能合金材料由国内提供，已能自主保障。再次，C919 的飞行控制系统虽由中国商飞同美国霍尼韦尔公司联合完成，但作为基础与核心的控制系统是中国商飞独立研发的。同时，研发过程中的各项地面试验，以及试飞的规划、组织与实施，由中国商飞和中航工业合作完成。在 C919 项目实施过程中，相关部门成立了 16 家合资公司，承担的任务覆盖了飞机航电与机电系统的各分系统。还有一点就是，中国商飞掌握着两个最重要合格证——型号合格证（TC）和生产许可证（PC）的获取，中国人可确定无疑地对 C919 拥有完全自主知识产权。

为加快解决航空发动机的瓶颈与制约，国家专门成立了中国航空发动机集团公司，下设商用发动机公司，研制 C919 配套的

CJ-1000A 型发动机。C919 将在不远的将来装上"中国心"。

三极鼎立格局的形成

在大型商用飞机领域，当空客和波音两霸平分天下之时，在世界的东方又长出了新的一极，这一极就是中国商飞。历史将书写新的一页，A+B 的既有局面一定会被打破，ABC 三极鼎立的新格局定将出现，这个新格局将会更合理、更稳定。随着中国经济的快速发展和科技的飞速进步，国力的不断增强，进而推动了航空需求的旺盛。是买，是租，还是造？中国已经明确地回答了全世界：要花更多资金来研发、制造自己的大飞机。中国客机制造业兴盛之时，也将是中国成为真正的航空大国、航运大国之时。

智博士

C929 上马

2018 年 5 月 22 日，中俄国际商用飞机有限责任公司在上海成立，主要负责研制新一代远程宽体飞机——C929。C929 是真正意义上的大飞机，航程 12000 公里，座级 280 座，采用更为先进的气动设计，大量采用复合材料，装有先进的发动机。

AG600 亮相寰宇

2018年10月20日，继陆上成功首飞之后，中国首款大型水陆两栖飞机——AG600在湖北省荆门市漳河水库成功完成水上首飞。AG600是目前世界上在研最大的水陆两栖飞机，而要称得上水陆两栖，必须经得住水上起飞降落的考验。据介绍，AG600的设计目标是能够在2米浪高的海面正常起降，这是国内目前为止水上飞机领域最高的抗浪能力指标；从世界范围来看，能达到这一要求的水上飞机也屈指可数。

水上起降的难点

水上起降，目的是验证飞机的水动力特性，包括飞机从空中进入水面和从水中加速滑行升入空中。相比从陆地起降，AG600的水上起降难度更大，陆上起降时依托坚硬平滑的跑道，对飞机的安全是有保障作用的。由于水面是波动起伏的，飞机起降时会导致飞机不断上下摇摆，专业术语叫"纵摇"。如果纵摇失控，飞机就会像海豚一样上蹿下跳，我们称其为"海豚跳"，严重的话飞机会失控一头钻进水里。执行 AG600 水上首飞任务的机长也用自身经验证明水上起降的操纵的确要比陆上起降复杂一些。如果说陆上起降是在普通平路上骑车，那在水上起降就像是在结冰的路面骑车一样，飞行员必须高度集中注意力精准快速进行各种操纵。

AG600 除了操纵方面的难点，起飞时还要克服水的阻力这一难点。由于水的密度约是空气的 800 倍，而飞机在水上起飞时，要想加速到和陆上的起飞速度一样，飞机的阻力特性设计就显得尤为重要。另外，飞机在水面滑行时会有大量水的喷溅，如果这种喷溅不可控的话，会对发动机、螺旋桨或机体结构带来冲击和损伤。

水上首飞顺利

　　AG600 在湖北省荆门市漳河水库进行了 10 余架次低、中、高速滑行，实时监控、验证飞机水动操纵性、稳定性和水密性能，测得飞机各系统工作正常、稳定，飞行机组熟悉并掌握了该机在水上的起降特性，总的评测项目达 365 项。2018 年 10 月 20 日，AG600 水上首飞顺利完成，监测数据和理论计算基本一致，标志着 AG600 已具备水上起降能力，成为会"游"的飞机，会"飞"的船，具有里程碑意义。

水面救援、森林灭火的新利器

　　下面一组数据可清楚显示出 AG600 的强大水面救援能力：抗

浪能力不低于 2 米； 可一次救起 50 名遇险人员；续航时间长，救援半径可达 1500 公里，相当于三亚到曾母暗沙的距离；飞行速度是救捞船的 10 倍。此外，AG600 可根据任务需要进行改装，用于执行海洋环境监测与保护、资源探测、岛礁补给、海上缉私与安全保障、海洋执法与维权等多种任务。

AG600 用于森林灭火同样身手不凡。AG600 可在 20 秒内一次汲水 12 吨，单次投水救援面积约 4000 平方米。中国森林面积广大，森林火险时有发生，AG600 的研制成功，可为救火工作立下不可磨灭的功劳。

AG600 总设计师这样评价道："这款飞机总体技术水平和性能已达到当前国际同类飞机的先进水平。"和日本研制的 US-2 相比，AG600 在各性能指标上与其相当，但两栖飞机至关重要的一项技能——陆上起降，日本的 US-2 却没有，因为要想做到这一点并不容易。水上飞机的主起落架有一个显著特点——主轮距小，这会严重影响陆上起降的稳定性。而 AG600 之所以能够实现水陆两栖，其中很重要的一点就是它采用了"主轮距小，起落架长度却很大"的设计。不过，这就要求主起落架在拥有足够强度的同时，还需要在放下时能牢牢锁死。毫无疑问，AG600 的设计者们完美解决了这一难题。

美丽的名字

AG600 作为国产大飞机"三剑客"之一（另外两个指 C919 和运 20），是我国首款大型灭火、水上救援水陆两栖飞机，除了其性能已达世界先进水平外，它还有一个美丽的名字——鲲龙。鲲龙寓意着这个上半身如飞机、下半身似轮船的水陆两栖飞机上天如鲲鹏，入水似蛟龙，有着极其强大的本领。

飞机新动能

飞机用电能驱动，或是采用油电合力启动，这既是必需之举，也是飞机设计改革的必由之路。由于飞机起飞时耗油量最大，产生的污染也最为严重。例

如，波音747大型客机起飞一次耗油约5吨，而这些燃油都是在短短的几分钟之内烧掉的，这也为未来低污染飞机的发展指明了

改进的方向。在飞机要电动或是油电混动的改革潮流中，中国奋力投入，取得的成就可圈可点！

电动飞机

电动飞机是个新名词，更是新事物，但人类对于电本身的认识却并不晚，至少要远早于我们对飞行的科学探索。时至今日，以特斯拉为代表的电动汽车已行销世界，电动船只也不算什么新鲜事，只有空中交通依然无法摆脱依赖石化能源的宿命。

电动飞机的应用普及究竟难在何处？主要难在电能的存储方式上，最常见的电能存储方式——电池储能也因其存储能量低而无法满足电力系统的巨大需求，成了制约电动飞机发展的最大瓶颈。以一台特斯拉 Model S 为例，它的电池组重量就超过了 600 千克，但也只能提供 85 千瓦的电力。电动汽车尚且如此，以电池驱动的电动飞机若想载人飞到天上进行远距离飞行，得需要多重的电池组来提供如此巨大的电力需求呢？困难可想而知。

电动飞机出路在何方？ NASA

提出了"分布式电力推进"的设想：在机翼前缘设置 12 个小型电动机将空气直接吹过机翼表面以增加升力，并宣布自 2017 年起，计划用 3 年时间将 X—57 型电动飞机送上蓝天。该飞机采用"分布式电力推进"系统后，最大的收获是能源需求仅为传统飞机的 1/5。对于使用该系统的电动飞机来说，即使应用笨重的电池，也可延长飞行距离。虽说 X-57 型电动飞机摆脱了空中交通依赖石化能源的宿命，可惜试验过程中，电池问题不断，致使该技术还没有真正得到应用。

中国电动飞机的研制在世界上处于领先地位。由中国 YUNEEC 公司研制的 E430 电动飞机，以良好的性能，在奥什科什飞来者大会上完美亮相，标志着世界上第一架商用纯电动飞机正式诞生！同时，首届林白电动飞机大奖评审会决定将"最佳电动飞机"颁发给中国 YUNEEC 公司，而 E430 还在英国伦敦设计博物馆主办的英国生命保险设计大奖赛中被授予"交通类设计大奖"。另外，由辽宁锐翔通用航空有限公司研发的具有零污染、低噪声、易操纵、运营成本低、安全舒适等优点的 RXIE 型轻型电动飞机于 2013 年亮相后，2016 年起已批量生产。该机充电 1.5 至 2 小时后，续航时间可达 45 至 60 分钟，可飞行 100 公里左右，飞行最大高度 3000 米，载重 500 千克，一次可携带两人飞行。该机由于翼展大，可实现滑翔。该机改进型续航时间可达 2 小时，由于噪声低，实现低空突袭成功率很高。

混动飞机

所谓混动飞机是指采用电动力和燃油动力相结合的飞机，利用电动力和燃油动力在不同运行条件下优势互补，可以做到在不明显降低飞机使用性能的情况下，大幅度减少起飞过程的燃油消耗，并进一步降低巡航状态下的燃油消耗，使得燃油带来的污染明显降低。

但是，混合动力飞机所采用的技术极为复杂，并非简单地将电动力和燃油动力结合起来就能实现，这也成了近年来航空界寻求技术突破的主攻方向。

混合动力飞机的主要优势，在于可以通过蓄电池事先储存一部分能量，在起飞阶段释放，从而明显降低起飞油耗。由于蓄电池提供的是电能，那么飞机的推进器与其他控制设备也必须采用电动方式，这样，传统飞机上的液压和机械控制设备也将转为电动方式，这一转化会带来显著的效益。因为电动控制系统实际上将传统的发动机等进行了合理的改进，使传统的液压和机械控制降低了约 35% 的传递损失，使效率得到了较大提高，降低了油耗。同时，由于电动控制系统结构简单，布置方便，控制性能好，寿命较长，还能显著降低维护工作量和维修费用。电动控制系统在部分新型飞机上已经获得应用，这也为混合动力飞机的实现奠定了基础。

目前混动飞机最主要的突破方向，是需要发展新一代发电机，以满足大功率的需要。比如，如果需要实现大型客机的电力推进，需要 10 兆瓦（1 兆瓦 =1000 千瓦）级别的发电功率，但目前航空工业中发电机的实际应用级别远远达不到要求。

根据报道，美国的霍尼韦尔公司为极光飞行科学公司的 XV-24A 混动无人机提供了先进的发电机，该机计划于 2018 年实现首飞。然而，后来该项目被取消，无疾而终。

目前，混动飞机已经成为科技先进国家的研究重点。美国通用航空制造商协会的电推进创新委员会（EPIC）启动了一个名为"混合电推进模块化架构"的新项目，计划用在 2020 年服役的 2~4 座混动飞机上。混动飞机的发展，可能还需要借助于超导技术的应用，使得电机的效率进一步提高。但超导技术必须保持较低的温度，如果未来氢燃料技术在飞机应用上可以获得突破，则可以利用液氢汽化产生的低温来维持电机超导状态，这是目前技术条件下可能实现的。据专家估计，混动飞机技术在载客量低于 100 人的支线客机范畴内，会具有明显优越性。而在 NASA 发布的未来 20 年混动飞机实施时间表中，300 座级别的混合动力飞机，可望于 2035 年起飞。看来燃油飞机被混动飞机取代的时间，离我们越来越近了。

我国油电混动飞机的研制也没有停步。据报道，2017 年已发布的一款华科尔 AG—15 油电混合无人机，经 2018 年不断地优化升级，飞行日趋平稳、精准。而由沈阳航空航天大学辽宁通用航空研究院和中国科学院大连化学物理研究所合作研制的混合动力载人机和无人机都已经过了试飞阶段，离它们真正飞向蓝天的时间不远了。

声 障

高速飞行的飞机、火箭等，速度增加到接近声速时，前方的空气因来不及散开而受到压缩，密度、温度突然增加，阻碍其向前飞行，这种现象称作声障。随着飞行器研制技术的快速发展，飞行器速度超过声速已是平常之事，军用战斗机可以达到 M3，高超声速飞机已达到 M7。

筑梦中国航天

1956 年 10 月 8 日，国防部第五研究院成立，标志着中国航天事业正式起步。如今，中国航天已经从一张白纸变成一幅壮美的图画，中国已经是名副其实的航天大国，并正在向建设航天强国的目标阔步前行。

"两弹一星"筑造大国地位

从 20 世纪 50 年代后期到 70 年代，中国独立自主地成功研制出导弹、核弹（含原子弹、氢弹），并成功发射了人造地球卫星。后来，人们将这几项工程合称为"两弹一星"。"两弹一星"为中国奠定了尖端科技基础，使中国真正获得了世界大国的地位。中国的航天事业起步于导弹仿制，根据中苏协议，中国在苏联专家的帮助下开始仿制导弹。1960 年，中苏关系紧张，苏联撤走专家，中国科技人员发扬自力更生精神，克服重重困难，在

1960 年 11 月 5 日这一天，终于将东风一号近程导弹成功发射。

1964 年 6 月 29 日，东风二号中近程导弹发射试验成功，标志着中国的导弹技术走上了独立研制的道路。紧接着，1964 年 10 月 16 日下午，在我国西部地区新疆罗布泊上空，中国第一颗原子弹爆炸成功。之后，中国科学家们加紧进行核弹、导弹的"两弹结合"试验，1966 年 10 月 27 日，"两弹结合"试验爆炸成功。从此，中国导弹技术日趋成熟，为中国航天事业的发展繁荣打下了坚实的基础。

伴随着 "两弹" 技术的迅速发展，中国航天又把目标瞄准了人造卫星。1970 年 4 月 24 日，"东方红一号" 人造卫星发射成功。这是中国航天树起的第一座里程碑。1975 年 11 月 26 日，中国第一颗返回式卫星发射成功，使中国成为世界上第三个掌握返回式卫星技术的国家。

中国航天进入发展快车道

1978 年，随着改革开放时代的到来，中国航天事业与其他各项事业一样步入了发展的快车道。以远程运载火箭发射成功和潜艇水下发射运载火箭为标志，中国的国防基石更加稳固；以第一颗通信卫星和第一颗气象卫星发射为标志，中国航天进入了卫星应用新时代；以长征三号和长征二号捆绑式火箭的发射成功为标志，中国航天技术进入世界先进行列。同时，中国航天也走出国门，迈向国际市场。

1980 年 5 月 9 日，新华社向全世界发出一则公告：中华人民共和国将于 1980 年 5 月 12 日至 6 月 10 日，由中国本土向太平洋南纬 7 度 0 分、东经 171 度 33 分为中心、半径 70 海里圆形海域范围内的公海上，进行发射远程运载火箭试验。一时间，全世界都把关注的目光投向了中国。5 月 18 日，远程运载火箭发射获得成功，中国成为世界上第三个进行远程运载火箭全程试验并取得圆满成功的国家。

1982 年 10 月 12 日，中国首次以潜艇从水下向预定海域发射运载火箭并获得成功，使中国一跃成为世界上第五个拥有水下发射战略导弹能力的国家，标志着中国运载火箭技术达到了一个新的水平，大大提高了国防实力。

1985 年 10 月 26 日，我国对外宣布：中国自行研制的长征系列运载火箭投入国际市场，承揽卫星发射服务。从此，长征火箭向世人撩开神秘的面纱，接受国际商业发射服务市场的考验和洗礼。1986 年，美国航天飞机、火箭及欧洲的"阿里安"火箭接连发生事故，使得国际卫星发射市场出现"排队"等待火箭的情况。这对中国火箭来说，是走向国际市场难得的机遇。当时，中国运载火箭只能发射 1.3 吨左右的地球同步轨道卫星，要想抓住机遇，赢得市场，必须尽快研制出新一代大推力运载火箭。一个以成熟的"长二丙"为芯级，在一级箭体上并联 4 个助推器，配上不同推进剂的上面级可把 3~4.8 吨重的卫星送入地球同步轨道的新方案涌现在中国航天人的脑海里。这就是"长二捆"火箭的方案，还在纸面上的"长二捆"赢得了第一份合同——发射两颗由美国休斯公司制造的澳大利亚卫星。

载人航天开始腾飞

载人航天工程是中国航天树起的第二座里程碑。1992 年 9 月，中央决定实施载人航天工程，并制定了中国载人航天"三步走"的发展战略。神舟五号和神舟六号飞行任务的圆满成功，标志着中国载人航天工程第一步任务目标顺利实现。载人航天工程是当今世界技术最复杂、难度最大的航天工程，需要许多高新技术的支撑。载人航天工程涉及众多高新技术领域，包括近代力学、天文学、地球科学、航天医学、空间科学等学科，以及系统工程、自动控制、计算机、推进技术等等，不在这些领域具备一定实力，难以开展载人航天工程；同时，载人航天工程提出的迫切需求，又带动了这些学科及领域的应用、发展和进步。中国是

一个负责任的大国，中国发展载人航天技术，不仅是自身发展的需要，也是对人类文明的贡献。

2007~2016 年间航天事业高歌猛进

2016 年 6 月，长征七号首飞任务顺利完成，拉开了中国载人航天工程又一幕大戏——空间实验室任务的序幕。空间实验室阶段的任务目标是突破和掌握货物运输和补给、航天员中期驻留、地面长时间任务支持和保障等技术，开展较大规模的空间科学实验与技术试验，为空间站建造和运营积累经验。根据任务目标，空间实验室任务共安排 4 次飞行，并于 2017 年 4 月中旬，发射天舟一号货运飞船……

与此同时，我国的高分辨率对地观测系统、北斗导航系统等列为国家重大科技专项的航天工程也在逐步实施，并取得重要成果，各类应用卫星的研制和卫星应用技术开发获得长足发展；长征系列运载火箭发射成功的纪录不断刷新，新一代运载火箭踏上征程……月球探测工程、载人航天工程，奏响了中国向航天强国迈进的壮丽凯歌。随着载人航天、月球探测等工程的一步步实施，中国人探索的目光将瞄向更遥远的星空，中华民族必将为人类文明作出更大的贡献。

太空跑台

30天甚至更长期的太空驻留，对航天员的健康保障和生活保障提出了更大的挑战，航天员的心血管机能减退、肌萎缩、骨丢失、免疫功能下降程度更为明显，出现疾病的概率更大。航天员需要通过在轨锻炼来对抗失重导致的肌萎缩、骨丢失、心血管机能减退等生理效应。其中，太空跑台是当前国际上对抗长期飞行失重生理效应的主流设备。在天宫二号任务中，为满足空间站防护锻炼的需求，专门进行了太空跑台系统技术验证。航天员将在轨使用与空间站太空跑台状态一致的束缚装置、纵向负荷加载装置，采用不同纵向加载和锻炼负荷进行在轨跑步锻炼。

中国载人航天三步走

载人航天是一个充满激情、充满想象、充满风险的事业。它需要决心、勇气和创造，更需要严谨细致的科学态度。1986年4月，我国航天领域专家组成立，其主要使命是对我国载人航天工程的必要性和可能性及载人航天技术的总体方案和具体途径进行全面论证。1992年9月21日，中共中央政治局常委会讨论并正式批准了《关于开展我国载人飞船工程研制的请示》，制定了中国载人航天工程"三步走"的发展战略：

第一步，在2002年以前，发射两艘无人飞船和一艘载人飞船，建成初步配套的试验性载人飞船工程，开展空间应用实验。即将航天员送入预定轨道，并使航天员安全返回地面，实现我国载人航天的历史突破。第一步已经胜利完成。

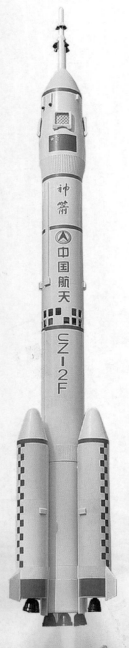

第二步，在 2007 年左右，突破载人飞船和空间飞行器的交会对接技术，并利用载人飞船技术改装、发射一个 8 吨级的空间实验室，解决有一定规模的、短期有人照料的空间应用问题。

第三步，2022 年，建成空间站，中国将成为世界上第三个拥有空间站、唯一一个拥有自己独立空间站的国家。

我国自 1992 年至 2016 年，共发射了 11 艘神舟飞船和 2 个天宫实验室，圆满地完成了中国载人航天工程的第一和第二步。

"神舟一号"到"神舟四号"——备战太空：1992 年 11 月 20 日，我国第一艘无人试验飞船"神舟一号"从酒泉大漠腾空而起，飞向太空，中华民族的飞天之梦开始实现。作为中国载人航天测控网的"心脏"与"神经中枢"的北京航天飞行控制中心给了世界一个精彩的亮相。

"神舟五号"——首次载人飞天：2003 年 10 月 15 日，我国航天员杨利伟乘坐"神舟五号"载人飞船首次出征太空，并绕地球运行了 14 圈，历时 21 小时 23 分，顺利完成各项预定操作任务后，于 16 日安全返回位于内蒙古阿木古朗草原的主着陆场。首次载人航天飞行的圆满成功实现了中华民族的千年飞天梦想，标志着我国已经成为世界上少数几个独立自主地完整掌握载人航天技术的国家之一。

"神舟七号"——太空行走：2008年9月25日21时10分，"神舟七号"载着3名航天员（翟志刚、刘伯明和景海鹏）顺利升空。刘伯明在轨道舱内协助翟志刚出舱作业，实现了中国历史上第一次的太空行走。我国自行研制的"飞天"舱外航天服在出舱活动中的出色表现，令人赞叹！

"神舟九号"——首次载人交会对接：2012年6月16日18时37分，航天员景海鹏、刘旺和刘洋搭载"神舟九号"飞向太空，此次飞行任务在进一步验证自动交会对接技术的同时，首次验证手控交会对接技术，航天员刘旺担此大任，展示了"太空穿针"的绝技！此次任务创造了我国载人航天史上的多项新纪录：中国航天员首次进入太空运行的人造天体；首位女航天员飞天；首次实现地面向在轨飞行器进行人员和物资的往返运输与补给等。"神舟九号"的发射成功，标志着中国载人航天事业迎来了新的起点。

"神舟十号"——首次应用性飞行：所谓应用性飞行，是相对以验证技术为主要目的的试验性飞行而言的。那么，如何来区别应用性飞行与试验性飞行？"神舟十号"飞行是应用性飞行，主要包括以下两点内涵：第一，是飞行任务的目的，这次任务

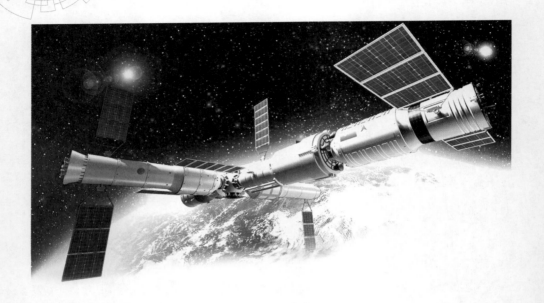

中，天地往返运输系统本身的技术验证和交会对接技术验证不再是主要目的，而为"天宫一号"在轨运营提供人员和物资往返运输服务成为这次飞行的主要目的；第二，飞船和火箭经过"神舟八号"和"神舟九号"飞行任务的考核和验证，可以说功能已更加完善、完备，性能更加稳定，可靠性、安全性也进一步提高，技术状态基本固化，所以"神舟十号"任务开始进入了应用飞行阶段。"神舟十号"任务的圆满完成，使我国载人航天全面进入空间实验室和空间站研制阶段。"神舟十号"飞船上也有一位女航天员，她叫王亚平，主要负责我国首次太空授课。

"神舟十一号"与"天宫二号"——空间实验室自动交会对接：2016 年 10 月 17 日，"神舟十一号"载人飞船顺利将航天员景海鹏、陈冬送入太空，与"天宫二号"空间实验室自动交会对接成功。并创造了总飞行时间 33 天的航天员中期驻留能力，是我国迄今持续时间最长的一次载人飞行。

从太空看地球

　　航天员从太空看地球时，地球表面的绝大部分被海洋和云彩覆盖着，其中飘浮在地球上空的云彩则被航天员们视为自己独有的伴侣。一位曾三次进入太空的美国航天员对观察地球云彩十分感兴趣，他总结出了在太空中观察的地球云彩的变化规律：狂风暴雨时，海洋上空的云层呈现出规则形状，而且非常厚重，好像是一块砧板；傍晚黄昏时，从云层反射出来的阳光会呈橙红色光环；夜晚时，从云层顶部折射出来的光线则是月光。

　　航天员们为美丽的极光所深深着迷。一位航天员曾说他在太空漫步时幸运看到了极光闪耀的情景，让他永生难忘："我们在太空中用肉眼看到的极光颜色要比从相机中看到的生动得多，极光放射出绿色、红色、紫色，好像是飘在太空中的彩色丝带。"

中国空间站

　　20世纪90年代开始，中国决定要实施载人航天工程，经过多年不断地努力，按"三步走"的发展战略，现在前两步已经基本上完成了，只剩下最重要的最后一步——建成空间站。建成空间站将大大推动我国空间科学的研究，同时也会为人类的发展进步作出巨大贡献。我国空间站计划于2022年建设完成。

结构组成

　　中国空间站基本构型包括核心舱、实验舱1和实验舱2，每个舱段规模20吨级，整个空间站呈T字形。空间站在轨运行期间，由载人飞船提供乘员运输，由货运飞船提供补给支持。空间站运行在距地面340千米至450千米高度的近地轨道上，额定乘员3人，轮换时可达6人规模。核心舱取名"天和号"，负责整个空间站电源电器服务功能，具有生命保障系统，满足航天员在太空生存的条件。核心舱有3个对接口、2个停泊口和1个出舱口。对接口用于载人飞船、货运飞船及其他飞行器访问空间站；停泊口用于2个实验舱与核心舱组装形成空间站组合体；出舱口则供航天员出舱活动。

　　"天和号"核心舱轴向长度16.6米，大柱段直径4.2米，小柱段直径2.8米。实际上，"天和号"核心舱又分航天员生活舱和做科学试验的舱，靠近航天员出舱的略小一点的就是生活舱。核心舱上还配有大型机械臂。

　　实验舱1取名为"问天号"，主要作为舱内应用，舱外试验，也配有小型机械臂，可与大型机械臂联合使用，也可独立使用。

　　实验舱2取名为"梦天号"，主要任务是开展舱内和舱外空间科学试验和技术试验，也是航天员的工作生活场所和应急避难场所。实验舱2配置货物专用气闸舱，在航天员和机械臂的辅助下，支持货物、载荷自动进出舱。

　　空间站上还将装有"巡天号"望远镜，设计在轨工作10年，可对40%的天区进行观测，是我国第一个大口径大视场的空间天文望远镜，还可对暗物质进行巡天观测和对天体形成演化进行研究。

建造海南发射场

我国的酒泉、西昌、太原航天发射场要么建在戈壁滩，要么建在高原或深山，存在商业开放度不够、航天发射互补能力不足、大直径火箭运输受到交通条件制约等问题，建造一个能满足航天发展新形势需要的航天发射场已迫在眉睫。经过深入调研和充分论证，最终，海南省文昌市成为新建航天发射场的首选地。

海南省文昌市位于北纬 19 度，若与位于北纬 27 度的西昌发射场相比，从海南航天发射场发射火箭，有效载荷可提高 7.4%（发射场纬度低，可以借助地球自转的部分能量，以提高地球同步卫星运载能力，并延长卫星使用寿命）。此外，海南航天发射场还拥有射向范围广的优势，发射场射向可覆盖 90~175 度，射向 1000 千米范围内均为海域，火箭航区、残骸落区安全性良好。

天上的发明搬到地上用

航天技术有"上九天揽月"的本事，其实随着军民融合的步伐不断加快，很多"天上"技术已被拿到"地下"应用，效果奇佳。

飞船上的"中央空调"

武汉素有"火炉"之称，尤其在炎炎夏日，市民们现在都愿意选择凉爽便捷的地铁出行，不过很多武汉市民并不知道，这份清凉是从"天上""吹"来的。武汉地铁不少线路的空调系统都来自一项航天技术产品——高效集成冷热源技术。这项技术是怎么研制出来的呢？这要从航天人对太空环境的研究说起。因为太空中昼夜温差可达上百摄氏度，要保证飞上天的卫星、飞船等航天器内部各种仪器设备正常工作，尤其是航天员能正常生活，就必须有强大的热控系统来调温控温。于是，航天人研制出飞船的

热控系统，人们称之为飞船的"中央空调"。后来通过一系列的技术集成，科研人员又将飞船上好用的"中央空调"搬到了地铁中。航天技术研发的"中央空调"还可以实现节能控制，达到最大节能的目的。与传统空调相比，高效集成冷热源产品年均运行效率可提高20%~50%，占地面积至少节省1/3，现场建设周期缩短4/5。

如今，凭借着"高效节能""节省空间""缩短周期""智能控制"四大优势，自航天飞船诞生的"中央空调"已在全国20多个省市自治区的轨道交通和民用建筑领域得到推广应用。

地铁的接触轨

地铁运行一般需要3条轨道，除了底下的2条铁轨外，还有一条是给列车提供能源的导电接触轨。导电接触轨看起来很普通，但是多年来其核心技术一直被国外公司控制，国内生产商要么是外国独资，要么是中外合资。面对这种困境，中国空间技术研究院下属的某公司决定通过转化航天器的精密成形和自动焊接技术来打破这种困境。半年左右，导电接触轨的关键技术就被攻克，产品很快被研制成功并推向市场。凭借着我国自主研发的接触轨产品的高品质和可靠性，它们一进入轨道交通行业便被广泛应用。目前，这项航天技术的研发成果已经在"北上广"等多地的轨道交通中得到应用。

拉动地铁车厢

在很多航天工业企业的厂房里都能看到一个个四四方方的"运输车",载着各种航天产品在忙碌运行,这种"车"可以在任意方向上行驶,直行、横移、斜跑、原地转圈都不在话下。再微小曲折的角落,只要宽度合适,它都能畅通无阻。这种"车"叫全向智能移动装备。航天领域用到的这种设备,在轨道交通领域可用来拉动各种地铁车厢,让车厢准确到位,尤其在生产、检修、转运大型车体时,能发挥更重要作用。目前,上海、北京、青岛、成都等城市的轨道交通领域里,都能见到它们的身影!

航天技术一直就在你我身边。未来,我们相信还有更多的航天技术会与我们平民百姓结缘。

智博士

火箭发射回收有多难?

火箭发射回收有多难?曾有专家形容,相当于把一支铅笔发射进帝国大厦,然后让其旋转返回,最后在风暴中安稳着陆。这几乎是不可能的事,想想也觉得玄!正如我国某航天专家所说:"火箭回收成功,具有里程碑式的意义,能够极大降低人类通往太空的成本:如果火箭第一级能重复使用,可降低80%成本;如果火箭第一、第二级均可重复使用,可减少98%~99%的成本。说它具有里程碑式的意义并不为过,但要从成功到成熟还有很长的路要走。"

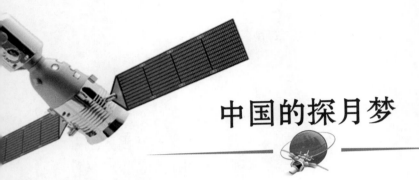

月球探测是我国空间科学和技术发展的第三座里程碑。综合分析国际上月球探测已取得的成果，以及世界各国"重返月球"的战略目标和实施计划，再考虑到我国的科学技术水平、综合国力和国家整体发展战略，近期我国的月球探测以不载人为目的，并被命名为"嫦娥工程"。

为什么要探月

一、探月的条件和能力已具备。重返月球、开发月球资源和建立月球基地已成为当今世界航天活动的热点。我国自 20 世纪 70 年代以来，在人造地球卫星和载人航天领域里已取得了重大

成就，但在月球探测方面仍是一片空白。而国外的月球探测正进入一个新的高潮。那么，是否我国还不具备探月的条件？回答是否定的！我国已经具备了开展月球探测的基本条件和能力，而且启动月球探测的时机和条件已经成熟，适时开展以月球探测为主的深空探测是我国航天事业持续发展、有所作为、有所创新的重大举措。虽然我国月球探测起步晚，但可以在较高起点上迎头赶上，确保我国在国际月球探测活动中占有一席之地。同时，实施探月工程有利于巩固我国的大国地位。探月是一个国家科学、技术、管理高度发达的重要标志之一，也是当今世界高新技术发展水平的突出展示，是综合国力的具体体现，是大国地位的象征。因此，开展月球探测必将提高我国的国际威望，扩大我国在全球的影响。

二、月球探测已成为航天高新技术的重点研究开发领域之一。航天技术是众多高新技术的高度综合。因此，进行月球探测会推进航天关键技术的创新和升华，会极大地促进我国航天技术水平的整体提高，也为造就一支世界一流的航天技术队伍创造极好的机遇。月球探测仅仅是深空探测的一个起点，火星探测、太阳系内星系，甚至外星系的探测都会写入我们进行深空探测的计划之中。通过对月球的探测可以掌握和积累深空探测的经验教训，为未来正式开展对其他星系的探测打造物质基础和技术力量。

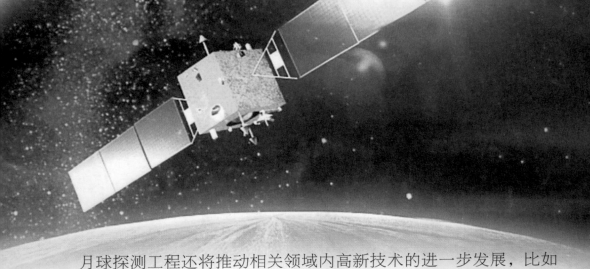

月球探测工程还将推动相关领域内高新技术的进一步发展，比如电子与信息、新能源、新材料、微机械等，从而带动我国国民经济和国防建设等方面产生显著的社会经济效益。

三、共同开发利用月球资源。进行月球探测，可以与其他国家共同开发利用月球资源，对人类的持续发展极为有利。月球上有丰富的天然资源，这对地球上日渐枯竭的资源来说是一种补充和储备。如月球上蕴藏着的大量高品位的钛铁矿、钾、铀、钍、磷等矿藏，是地球资源的补充；还有在地球上是"稀客"而在月面上比比皆是的氦－3，更是人类梦寐以求的廉价、绿色的资源。而月球所处的特殊环境条件——高真空、微重力、强辐射、微磁场正是在地球环境条件下难以获得的新材料、新器件、生物制品等的温床。因此，从服务于人类、推进人类的可持续发展角度出发，我国也应该参与月球资源的开发和利用。

四、成为我国新的科技增长点。进行月球探测可以成为我国新的科技增长点，能促进高新技术的全面发展，并能推动基础科学的创新。月球探测至少可以促进月球科学、地球与行星科学、太阳系演化、空间天文学、空间物理学、空间材料科学、空间环境科学与微重力科学等方面的创新发展，更可贵的是还能带动更多的相关学科的创新发展。

五、提高人类对宇宙的认识。进行月球探测可以提高人类对宇宙的认识，促进空间科学的发展。同时，对我国的基础科学和高技术研究有突破性的强大带动作用以及潜在的军事用途。

因此，当国际上正在掀起重返月球高潮的同时，我国也必须参与其间，"嫦娥工程"就是一个明确的标志。

"嫦娥工程"的"绕"

"嫦娥工程"分为三个发展阶段："绕""落""回"，它们之间保持一定的连续性、继承性和前瞻性。

"绕"是第一阶段：研制和发射第一颗月球探测卫星"嫦娥一号"是首要任务。2007年10月24日，"嫦娥一号"由长征三号甲运载火箭成功发射升空并进入预定轨道；11月7日进行第三次近月制动，进入周期为127分钟、高度为200千米的工作轨道。至此，"嫦娥一号"的奔月之旅取得了圆满成功，还获取了全月球高精度三维立体图像。"嫦娥一号"还对月球表面的环境、地貌、地形、地质构造和物理场进行了探测，并勘察了月球14种有用元素的分布特点与规律，勘测了月壤的特征与厚度，估算氦-3的分布与资源量。其中，探测地月空间环境和探测月壤厚度等都属国外尚未进行的项目。

探测月壤的特征具有重大的研究价值。月球固体表面的年龄至少已有40亿年，由于太阳风无休止地轰击月球表面，使月壤含有独特的太阳辐射历史，其完整程度在太阳系其他行星或卫星表面是难以找到的，这就为研究太阳活动的演化历史以及太阳对地球气候变化的影响提供了一条便捷的途径。至于对地月空间环境的探测，所获得的太阳风数据可以为后续月球探测工程提供所需的月球轨道空间环境数据。

"嫦娥工程"的"落"

"落"是第二阶段：发射月球软着陆器，试验月球软着陆和月球车技术，就地勘察着陆区区域的地形地貌、地质构造、岩石成分与分布，探测月壤和月壳的厚度与结构。此为第一阶段遥感探测。归结起来，该阶段有这样几个探测目标：月表形貌与地质构造调查；月表物质成分和资源勘察；月球内部结构研究；日地月空间环境探测等。第二阶段的探测是直接在着陆区做近距离的探测，即在第一阶段遥感探测的基础上对区域月表进行精细的探测，两者互为补充，可以深化对月球的认识。月表物质成分是了解月球演化历史的关键，也是月球科学基础的工作。

2013年12月2日，我国用"长征－3B/G"（长征－3B改进型）运载火箭在西昌卫星发射中心成功发射了

"嫦娥三号"落月探测器。2013年12月14日"嫦娥三号"在月面着陆，首次实现了我国对地球以外天体的软着陆及巡视勘察任务，这也是美国"阿波罗计划"结束后世界上重返月球的第一颗软着陆探测器，使我国成为世界第3个掌握落月探测技术的国家。

2013年12月13日，月球车与"嫦娥三号"着陆器分离，踏上月面。同日，着陆器与月球车互拍，传回照片清晰，它标志着"嫦娥三号"任务取得圆满成功，同时也标志着"嫦娥工程"第二阶段迈出了重要的关键一步。

"嫦娥工程"的"回"

"回"是第三阶段：主要任务是把在月球采集的样品送回地球，在实验室做精确测试、分析和研究。要实现这个目的，必须发射带有自动采样返回舱的着陆器（或月球车），选择合适的地点进行钻孔采样和机械臂采样，然后返回舱从月面起飞，将月球样品带回地球，在实验室做进一步的测试、分析和研究。第三阶段工程实施后必然会深化对月壤、月壳和月球形成演化的认识，这样会给今后月球基地的选址和建设提供重要的依据。在第三阶段，采集月球样品必须使用机器人。据资料介绍，经过多年的研制，我国已建成模拟的"机器人遥控操作系统"，即模拟科学家在地面操作太空机器人做一系列的动作。太空机器人将在中国人登上月球前承担主要的探测任务。第三阶段于 2019 年起实施。

智博士

测得地月距离第一人——伊巴谷

伊巴谷是古希腊一位著名的天文学家，发现并追踪了太阳在太空中的运行路径。另外，他还提出利用月食对太阳—地球—月球系统的相对大小进行比较和确定。伊巴谷认为通过观测日食可以测定地月距离，但需要两个地点的观测数据。在土耳其附近，人们看到了日全食；而在经度接近而纬度不同的亚历山大城，只能看到日偏食，月球最大遮住了太阳的 4/5。由此，他的计算结果是：月球直径是地球的 1/3，月地距离是地球半径的 60.5 倍。第一个数据偏大了一点，对于第二个数据，按照现在的测量结果，月地距离是地球半径的 60.34 倍。由于埃拉托色尼已经给出了地球半径的数据，于是伊巴谷得到了月地距离的真实数据。让我们替伊巴谷算一下：

$38400 \times 60.5 \div (2 \times 3.14)$ 千米 ≈ 37 万千米

现代计算的月地距离是 38 万千米。

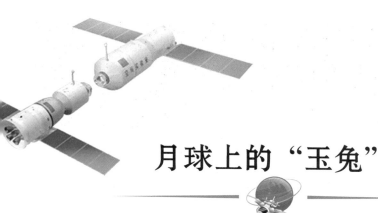

月球上的"玉兔"

在"嫦娥工程""落"的阶段，我们已经提到了月球车，它的学名为"巡视探测器"，而"嫦娥三号"实际上是发射了两颗月球探测器。两器分离前，巡视器为着陆器的载荷；分离后，为两个独立的探测器，各自展开月面探测工作。

定　名

为使中国第一辆月球车的名称能够充分体现全国人民乃至全球华人的意愿，富有时代性、民族性、群众性的特色，月球车的名称采取征集方式。活动通过新华网等向全国以及全球华人发出起名邀请。经过终审评审、评委投票与公众投票的结果加权计算，最后经探月工程重大专项领导小组批准，我国第一辆月球车命名为"玉兔号"。

功能超群

　　"玉兔号"月球车呈长方形盒状，周身金光闪闪，由6个轮子和8个分系统组成（移动、导航控制、电源、热控、结构与机构、综合电子、测控数传、有效载荷）。

　　月球车的舱体仅是一副0.75立方米的"小身板"，分上下两层安装各种仪器设备，却承载了比自身重6倍的大载荷。"玉兔号"以太阳能为主要能源，具备20度爬坡、20厘米越障能力，并配备有全景相机等设备。"玉兔号"的主要任务是"测月"。登月之后，着陆器进行原地探测，"玉兔号"驶离着陆器，在月面进行3个月的勘测，并首次实测月岩月壤。月球车底部安装了一台测月雷达，可发射雷达波，探测二三十米深的月球土壤结构，还可以对月球下面100米深的地方进行探测，这是其他国家从来没有做过的事情。此外，"玉兔号"上还安装了用于测定月球土壤成分的粒子激发X射线谱仪和测定土壤矿物组成的红外光谱仪，探测到的数据由月球车直接发回地球。着陆器的设计寿命是1年，而月球车的寿命只有3个月，它们在完成任务后将永久留在月球。

第二辆月球车"玉兔二号"已成功登陆月球背面，取得了前无古人的壮举。

月夜休眠

月球上的一天相当于地球上的 28 天，14 天会被太阳连续暴晒，温度高达 130℃，月球车面临散热难题；接下来约 14 天又是连续月夜，在 −180℃ 左右的环境里，大部分电子设备无法工作，如果仅仅依靠蓄电池提供能量，只 14 天的月夜就需要自带 100 安时容量以上的蓄电池。容量的增加，重量必然上升，而重量是探测器研制的一个关键制约因素。面对这一难题，"玉兔号"月球车采用"休眠唤醒"功能，"玉兔号"日出而作，日落而息。采用"休眠唤醒"功能，需要一床御寒的"被子"和一个叫"玉兔号"起床工作的"闹钟"，承担这两项功能的是它的供电系统——太阳翼。"玉兔号"采用两翼展开式设计，一边的太阳翼为一次性展开并锁定在位置上，另一边的则可以重复展开。配备首个可重复展开的太阳翼，是"玉兔号"月球车的一大创新：太阳升起，月球车在月面行驶并进行一些科学探测活动，太阳翼可以展开对日定向提供动力；在月午温度较高期间，太阳翼能竖起并展开为月球车遮阳；月夜来临，月球车停止行驶和工作进入睡眠状态，为防止其"腹腔"内的机电产品设备完全暴露在极

寒温度下，太阳翼能够自动收拢，犹如在"腹腔"上盖了一条被子，起到保温的作用。当第二天太阳逐渐从东边升起，到达 5℃时，巡视器就被唤醒进入白天的正常工作模式。对一些特别娇嫩的设备，月球车内还专门准备了"暖宝"——核电池。核电池可以不受外界影响，持续利用同位素衰变过程放出热能，使仪器箱里的温度升至 -40℃以上，这是所有仪器都能耐受的温度。

月球土壤中的宝贝

月球土壤没有营养，但却是难得的宝贝。因为，月壤中有极为丰富的核聚燃料——氦-3，是一种清洁、安全和高效的核聚变发电的燃料，而且易于控制。

因此，即使将氦-3核电站建在闹市区也是无污染的。据专家计算，采用氦-3进行核聚变反应发电，建设一座 500 兆瓦级的核聚变发电站，每年仅需消耗 50 千克氦-3。按 1992 年中国的发电量计算，用 8 吨氦-3 就足够了。全世界一年有 100 吨氦-3 即可搞定，与消耗煤相比有天壤之别。那么，到底月壤中存储着多少氦-3呢？根据专家初步估算，月壤中氦-3的资源总量约为 100 万～500 万吨。

中国的空间电火箭技术

电推进又称为电火箭，它是把外部电能转换为推进剂喷射动能的火箭类型。根据把电能转换为推进剂动能的工作原理，电推进可分为电热式、静电式、电磁式等几大类。目前，同属静电式的离子电推进和霍尔电推进的技术最为成熟。由于突破了传统化学推进喷射动能受限于推进剂化学内能的约束，电推进比化学推进要高出一个量级，因此在航天器上应用该推进系统可以节省大量的推进剂，从而增加航天器有效载荷、降低发射成本，减小对发射窗口的依赖程度，在现有条件下实现更远的目标。电推进是目前和未来高效完成深空探测任务的利器。对于包括无拖曳控制、编队飞行、精确姿态和轨道控制等空间科学试验而言，电推进更是不可或缺的支撑和必备技术。

不久前，中国航天科技集团五院502所成功研制出我国首个磁聚焦霍尔推力器。它采用新一代霍尔推力器技术，代表着目前国际上的主流发展方向，较国外同类产品，在效率等方面性能指标可提升 20% 以上，并成功完成 1.5 千瓦磁聚焦霍尔推力器的飞行件研制，可广泛应用于我国新一代全电推进通信卫星平台。

发展的四个阶段

自 1902 年俄罗斯的齐奥尔科夫斯基和 1906 年美国的哥达德博士分别提出电推进概念以来，电推进技术发展已经走过了一个多世纪的历程，大致分为 4 个阶段：1902~1964 年为概念提出和原理探索阶段，美国、英国、德国分别研制出离子电推进样机，俄罗斯研制了霍尔电推进样机；1964~1980 年为地面和飞行试验阶段，美国完成了汞离子电推进飞行试验，俄罗斯完成了 SPT 霍尔电推进飞行试验；1980~2000 年为航天器开始使用阶段，俄罗斯的霍尔电推进和美国的离子电推进相继投入应用，日本、德国等其他国家的电推进也开始了飞行试验；2000 年至今为电推进技术和应用快速发展阶段。

2015 年以来，中国航天科技集团五院 510 所研制的首个卫星用 200 毫米离子电推进系统进行了地面寿命及可靠性测试试验，

试验累计工作时间已超过 11000 小时，具备卫星在轨可靠运行 15 年的能力，这标志着我国自主研制的电推进系统达到国际先进水平，将全面迈入工程应用阶段，能够满足我国通信卫星系列平台、高轨遥感平台以及深空探测器的发展需求。

目前，1 颗 15 年寿命的高轨道通信卫星大约重 5 吨，其中化学燃料重量就达 3 吨，若采用全电推进方案，就能使卫星"瘦身"至 2.5 吨，让通信卫星用更小、更便宜的火箭发射。另外，全电推技术可大大延长通信卫星的寿命，燃料携带量将不再成为卫星寿命的约束，通信卫星的设计寿命将普遍突破目前 15 年的上限，达 18~20 年。

电推进系统的组成

电推进系统一般是由电源子系统、电源变换器与控制子系统、电推力器等组成。电推力器将电能转换成动能，使其高速喷出产生推力。其中的电推力器是电推进系统中最关键的核心。根据把电能转换成动能的加速方式不同，它可以分为电热式、静电式、电磁式三大类，每一类还可分为多种形式。例如：电热式推力器又可分为电阻加热式、电弧加热式和微波加热式等；静电式推力器又可分为电子轰击式离子推力器、射频离子推力器、场发射离子推力器和铯接触式离子推力器等；电磁式推力器又可分为脉冲等离子体推力器、霍尔推力器和磁等离子体动力推力器等。

两种方式受青睐

当前，应用比较广泛并比较成熟的电推进系统有两种，即电磁式推力器中的霍尔推力器（稳态等离子体推力器）和静电式推力器中的电子轰击式离子推力器（氙离子推力器）。这两种推力器的本质是一样的，都是用电能将惰性气体氙气电离，形成由离子和电子组成的等离子体，离子在电场作用下加速喷出，产生推力。不同的是，离子推力器效率更高，消耗推进剂更少，缺点是技术复杂，电源种类多，尺寸、重量较大；霍尔推力器的技术简单，电源种类少，尺寸、重量较小，可靠性更高，总之，两者各有优势，适用于不同的航天任务。

应用广泛前景看好

目前，电推进系统已得到广泛应用。当前在轨运行的应用电推进系统的航天器大约有100个，两种电推系统累计工作时间均约十万小时。它们主要应用于地球静止轨道卫星的位置保持、空间探测器的变轨等方面。电推进系统也可以用于完成卫星的轨道转移任务。如2010年8月美国发射的"先进极高频卫星"1号也因卫星化学推进系统故障，最后靠电推进系统在14个月内完成了几乎全部的轨道转移任务。此外，电推进系统还可以完成科学观测与试验航天器任务以及其他应用及飞行试验。例如，用于完成低轨卫星的精确姿态控制等。

中国的"电推"

我国从 1967 年就开始了电推进研究。1978 年，中国航天科技集团五院 510 所研制的 LIPS-80 离子推力器获得国家科技进步一等奖。2012 年 10 月，我国"实践九号"卫星发射升空，对多种电推进技术方案的正确性、在轨工作性能、与航天器的相容性以及长期在轨工作能力进行了成功验证，这意味着我国全电推进系统已经初步具备在轨应用能力。另外，中国航天科技集团五院 502 所、上海空间推进研究所都在研制多种霍尔推力器。据专家介绍，目前我国有多家单位完成大功

率长寿命多模式电推力器的样机研制，并通过了长时间稳定点火试验；小推力长周期联合姿轨控制技术等其他关键技术也取得重要进展，达到工程可用要求。同时我国已完成了全电推进卫星平台方案的详细设计。我国"东方红三号"B 卫星平台在采用电推进系统后，与美国劳拉公司、欧洲泰雷兹—阿莱尼亚公司等的产品相比，电推进系统的应用方案基本类似，技术指标水平相当，平台的性价比、载荷比达到或略优于国外同类卫星水平。预计到 2020 年，我国将实现千瓦级电推进产品的批量化推广应用，实现快启动电推进、多模式电推进产品的可靠性提升，完成 50 千瓦量级大功率推力器主要关键技术攻关。未来，我国的电推进系统可用于地球静止轨道卫星位置保持和轨道转移、空间探测器和载人深空探测的主推进、低轨卫星的轨道维持、航天器的姿轨控制等

许多方面。近年来，我国不仅研发了传统化推进技术的新应用，更在一系列的新型推进技术上取得了新突破，包括无毒推进、在轨加注等等。随着电推进技术的成熟，离子电推进系统、霍尔电推进系统、电弧电推进系统将在以"鸿雁星座"为代表的大型星座上使用。同时，"实践十七号"还搭载了我国首套无毒推进系统，其在轨验证圆满成功，树立了我国卫星推进技术发展的又一重大里程碑，我国成为世界上第二个深入掌握无毒推进技术在轨应用的国家。2019 年发射的"宁夏一号"也采用了无毒推进技术。

未来，我国空间任务的需求在不断增加，空间推进技术也将不断向前发展，新型推进系统，如微推进、核推进、激光推进、电帆推进等将会出现并应用。相信不久的将来，我国的空间推进系统技术定会百花齐放，推动我国航天事业更上一层楼。

离子推进器

先将推进剂电离成粒子，然后在电磁场中加速，高速喷出，以其反作用力推动火箭。它能将电能和氙气转化为带正电荷的高速离子流，金属高压输电网对离子流施加静电引力，离子流获得加速度，加速后的离子使推进器获得时速高达143201 千米的速度，推动航天器前进。

太空机器人也有中国产

太空机器人的作用

太空机器人的作用就是把机器人送上太空，来完成那些简单、危险的重复性劳动，让人类主要发挥他们的高度智能的本领。同时，这些太空机器人还能为身在太空寂寞孤单的航天员带来安慰和娱乐，真是名目繁多，功能各异。

太空机器人不一定具有人的外形，但有人的基本特点和功能，它有抓举、搬动物体的机械臂和机械手，这相当于人的上肢；有可以走路、转向或移动的腿或轮子，这相当于人的下肢；有信息储存装置和运算装置或电脑，用于分析、比较、判断与决策，相当于人的大脑和神经中枢；装有视觉、触觉、听觉、嗅觉等传感器，可以感知温度、硬度、质量、距离、方位、形状和大小等，相当于人的感知器官。

国产型太空机器人

我们先介绍国产太空机器人。国产太空机器人继 2014 年 8

月在中央电视台某节目中首次亮相后，又参展 2015 世界机器人大会，受到观众追捧。锁定目标、靠近、捕捉、注液——轻巧而连贯的动作，太空机器人与目标"卫星"之间"如梦似幻"的"太空之舞"，令现场观众大开眼界。据中国航天科技集团公司五院 502 所自主研发人员介绍，这个名叫全自由度太空机器人的"太空医生"，其两个机械臂相当于人的两只手，通过"左手"完成对卫星的抓取和连接，再通过"右手"顶上的加油枪完成对卫星的加油工作。说来轻松，可在太空失重环境下，整个过程就变得复杂了许多。首先要对得准，像"天宫一号"这样的目标飞行器是有姿态控制的，这种对接方式是一种合作姿态的对接。但如果是对一颗失效的、没有燃料的卫星，它是不能提供合作的姿态的。所以，这种对接要比天宫和神舟的对接更难。每一次任务，每一次操作，太空机器人的动作轨迹都是不一样的，比如它自己识别对象，识别加注接口，然后自主地控制接臂，规划接臂的轨迹，使得接臂自主到达目标稳定，再切换能力控制，形成稳定可靠的连接，为最后的加油做好准备。虽然过程艰难，但这样的燃料补加对很多航天器有着重要意义。许多卫星本身情况良好，仅仅因为燃料耗尽就不得不废弃，有了这样的太空加油机器人，就能让燃料耗尽的卫星"起死回生"。而事实上，给卫星加油还只是这位机器人众多的技能之一。除此以外，它还能够自主更换工具，如拧螺丝时，就能换成螺丝刀，剪切时，就换成剪刀，可以实现多功能的效用。502 所还研制出另一款神奇的"数据手套"，它集成了 18 个微惯性传感单元，穿戴在人手上可覆盖大臂、小臂、手掌和每个手指的关节，实时准确获取人手所有关节的角速度、加速度、姿态、位置等运动信息，并将这些运动信息通过无线传输给机械手臂的运动单元，从而实现机械手臂像人手一样灵巧的操作。

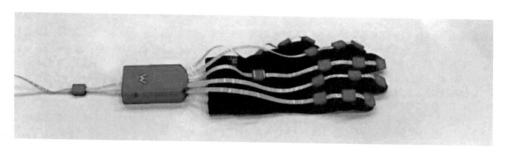

未来的航天员或地面工作人员可以通过穿戴的数据手套就可以操作空间站外的机械手臂，完成空间站的检修、搬运等任务。

"航天员 2 号"

早在 1967 年 4 月就诞生了第一个太空机器人，它是美国 "勘测者 3 号" 月球探测器上的机械臂。这个机械臂能在地面命令的控制下，在月面挖掘土壤，送入土壤分析器进行分析，以便为 "阿波罗" 载人飞船登月选择合适的着陆地点。1970 年 11 月，苏联的 "月球 17 号" 探测器把世界上第一个巡视机器人——"月球车 1 号" 带到了月球。1980 年以后，美国航天飞机上的机械臂曾经多次施救、维修甚至回收卫星，工作得很出色，但是，这类只有手臂没有头脑，没有躯干，完全靠人远距离操纵，所以是一种 "发育" 极不完全的雏形机器人。目前比较有名的太空机器人是 "航天员 2 号"，它由铝合金和非金属材料制造，从腰部至头部高 1.01 米，是美国为空间站建造的第一款机器人。2006 年，NASA 首先研制出太空机器人 "航天员 1 号"。

在地面完成了多项试验后，2007 年，NASA 与通用公司开始研制太空机器人"航天员 2 号"，它更快捷、灵活、先进：它有 4 个手指活动关节，每根手指有 2.3 千克的抓力，指尖可感受到羽毛的存在，能完成航天员需要戴着手套完成的精密任务和之前仿人机器人所不能完成的复杂工作；它举起物品的能力约是其他灵巧机器人的 4 倍；无论是在地面还是在太空，它都能够安全地与人类并肩工作；它可在空间站内负责卫生清洁，在极寒和极热的舱外待上数小时，为航天员在太空行走时携带工具，并处理泄漏与起火等紧急状况。据资料介绍，"航天员 2 号"首次测试已成功通过。2011 年 3 月，"航天员 2 号"被国际空间站航天员福萨姆启动后，它接收到来自地球的首个指令，并睁开"眼睛"，在工程师的监测下，它在失重环境下开始工作。另外，在紧急情况下，比如宇宙间的某些残骸撞击空间站时，可通过指令让"航天员 2 号"走出空间站去工作，甚至分析问题。这样，航天员就没必要出舱，因为已经有个"人"在那里了。"航天员 2 号"可以协助航天员装配科学实验设备，做一些精密细致的操作，当然也可以接受差遣去打扫舱段卫生。目前，专家们还在继续改进"航天员 2 号"，期望有一天让它利用外加的简易腿或轮子在一颗行星或小行星上行进，为人类勘测可着陆区域或帮助人类建立和拆卸工作站或居住点。由此可见，它不但能和人类并肩作战，还可以在危险环境中表现得更出色，扩展人类探索太空的范围。

安抚娱乐型的太空机器人

在国际空间站上有一个会和航天员聊天的机器人 Kirobo。它由日本东京大学、电通集团及丰田公司联合研制，后被送往国际空间站。造型可爱的 Kirobo 身高只有 34 厘米，体重仅 1 千克，身手却异常灵活，同时具备语音功能。被问答时，它可对语言进行识别，从事先储存的句子中选择合适的进行回答。它能完成一连串的动作，也会参与任务，例如把控制室信息传给航天员。科学家想借此实验，了解机器人能否成为航天员寂寞生活中的精神支柱。事实证明，科学家的设想是对的，因为 Kirobo "居住"在国际空间站时，成了日本航天员若田光一的聊天小伙伴，为他缓解了寂寞。再说一个太空机器人会拍摄的事，那是 2017 年 6 月 4日， Space X 的龙货物飞船发射到国际空间站，其中携带了 2 个被称为 "Int-Ball" 的小型球形机器人。这两个机器人进驻到日本的 "希望号" 实验舱内。Int-Ball 已开始工作，且已经发布了由它录制的照片和视频。Int-Ball 完全由 3D 打印制造，长得十分可爱，它萌萌的 "大眼睛" 是两支发光二极管灯泡，在拍摄或出现

错误时会闪动。两眼中间的"小鼻子"是一台高清晰摄像机，可以拍摄前方的景象和人物。为了让 Int-Ball 准确地拍摄所需要的景，在空间站内壁上还贴有红色标记，以便小圆球定位和自由移动。小圆球的运动可以是自主式，也可以由地面上的工作人员远程控制，只要地面研究人员对机器人发出相应指示，它就可以在太空环境下自由地旋转、加速或改变运行方向。同时，在完成拍摄后，Int-Ball 还能实时、快速地将影像传输至地面控制中心。

目前，还有很多研发机构研发的先进的太空机器人正在进行地面测试，这些机构，比如麻省理工学院的计算机科学和人工智能实验室、德国人工智能研究中心与布莱梅大学等。随着人类载人深空探测的推进，航天员的脚步将迈入更加深远的太空，太空机器人将是航天员未来不可或缺的工具和伙伴，中国产太空机器人必将在太空大显神通。

太空辐射

　　太空辐射，也就是高速运动的基本粒子。它由来自太阳系外的银河宇宙线等高能粒子组成。太空辐射的危害严重，后果不堪设想！比如，一旦人体在太空受到宇宙线照射，首先是皮肤损伤，出现红斑、湿性脱皮，严重的还会出现短时间的毛发脱落；如果受到大剂量照射，就会得急性放射病，治愈后还会留下后遗症，在各种后遗症中又以癌症最危险，其次是对中枢神经系统的损伤。为此，2003 年，美国航空航天局在马歇尔太空飞行中心制订了"太空辐射防护计划"。首先考虑将航天员用特殊的物质包围保护起来，就像大气层保护地球与人类一样。马歇尔太空飞行中心想用纯氢做保护，还有的科学家认为抗氧化剂如维生素 A 可以减少宇宙射线对人体的危害。研究人员也在研究一种方法来标记受损的细胞，让变态的细胞自己毁灭。如果有种药品能使细胞有充足的时间来修复受损的基因，太空辐射的负面影响就会小得多。

消除太空垃圾，中国作出贡献

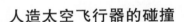

人造太空飞行器的碰撞

2009 年 2 月 10 日，美国一颗商用通信卫星"铱 33"与俄罗斯一颗已报废的军用通信卫星"宇宙 2251"，在离地面 780 千米的太空剧烈相撞。根据计算，这两颗卫星相撞时的速度差大约是每秒 1.61 千米。其相撞时的惨烈程度可以用这样一个比喻来描绘：这种速度差是现代大口径炮射穿甲弹才能达到的速度，即便是坦克吃上一记也不见得能幸免于难，更不要说是卫星了。这两颗卫星相撞后已化为两团碎片云。美国航空航天局已监测到相撞时产生的数十块较大空间碎片，另有无数可能只有几厘米甚至几微米大小的碎片，一时还难以监测到。俄罗斯地面飞行控制中心

主管弗拉基米尔·洛维约夫推测，这种碎片云可能存在 1 万年，将对人造卫星等人造太空飞行器的安全构成严重威胁。

像这样的太空相撞，以前曾发生过 3 次。第一次是 1991 年 12 月底，俄罗斯的失效卫星"宇宙 1934"撞上本国卫星"宇宙 926"，结果前者被一分为二，后者则零碎到无法跟踪。第二次是 1996 年 7 月，多年前欧洲空间局发射的"阿丽亚娜"运载火箭入轨时产生的一块碎片，以 3.1 万千米的时速击中了法国"樱桃"通信卫星。所幸卫星主体未受损伤，但仍导致一个观测装置受损，卫星运行超出正常范围。第三次是 2005 年 1 月 17 日，在太空运行了 31 年的美国"雷神"火箭废弃物和此前中国发射的"长征四号"火箭残骸，以每秒 5.73 千米的速度相撞。前者被撞得一分为四，后者近地点下降了 14 千米。之后，2013 年厄瓜多尔唯一一颗卫星升空不足一个月，被一枚苏联 1985 年发射升空的火箭燃料箱残骸"撞晕"，无法工作；2012～2013 年，国际空间站航天员 3 次被迫在逃生舱内躲避太空垃圾。所以，太空垃圾问题日益受到关注，科学家们提出，太空垃圾已经达到了危险的临界点，清理太空垃圾刻不容缓。

太空碎片

什么是太空碎片？ 1999 年联合国《空间碎片技术报告》中给出的定义是这样的：它是指位于地球轨道或重返大气稠密层不能发挥功能，而且没有理由指定其能够发挥或继续发挥其原定功能的所有人造物体，包括其碎片及部件，俗称太空垃圾。太空垃圾能的密集分布区域有 3 个：2000 千米高度以下的低地球轨道（LEO）区域、36000 千米高度的地球同步轨道区域和 20000 千米高度的中轨道区域。由于处于 LEO 区域的太阳同步轨道是通信、测绘、气象、侦察等各类应用卫星集中的一类轨道，卫星之间的碰撞解体也多发生在此轨道区域，在 LEO 区域，厘米级空间碎片由 2005 年的 30 万个增长到 2015 年的 50 万个，年增长率达 6%。推算认为，在 LEO 区域 70 年后太空垃圾密度将达到一个临界值，将发生碎片链式撞击效应，近地空间将彻底不可用。在 LEO 区域，原则上讲最多可容纳的在轨空间物体为 1800 个，按照目前的占位速度，30 年后轨位将饱和，无新的轨位资源可用。

小碎片大威胁

加强太空垃圾研究，对保障我国空间资产安全、维护国家安全和利益、确保国际外空事务主导地位和太空话语权、树立航天大国责任和形象、引领高新科技创新发展、促进生成新兴太空经济和产业模式等具有十分重大的意义。到 2017 年年底，我国在轨卫星超过 180 颗，2020 年预计超过 200 颗。我国正在全面构建卫星遥感、通信广播、导航定位三大空间基础设施体系，实施载人航天工程第三阶段——长期运行的空间站计划，正在启动以月球探测为核心的深空探测计划等重大空间专项计划。这些航天

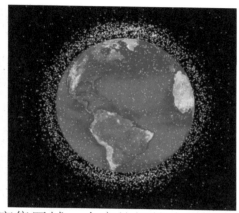

器运行轨道大多数处于太空垃圾密集区域，太空垃圾撞击将直接导致航天器损伤或失效，造成巨大的经济、社会和军事损失，甚至危及空间系统安全乃至国家安全。发展太空垃圾移除技术与能力，是确保我国空间资产安全运行、维护国家安全和利益的重要保证。

太空垃圾移除涉及的技术广泛。针对不同尺度、不同特性的太空垃圾，需要天地一体化监测，移除技术手段更是丰富多样，如机械臂抓捕移除、柔性飞网捕获移除、高能激光移除、离子束推移移除、静电力增阻离轨、磁场发生器捕获离轨等。发展太空垃圾移除技术与能力，将促进不同学科和技术的交叉融合。

中国的贡献

作为一个负责任的航天大国，中国一直高度重视太空垃圾问题，制定了专门的太空垃圾行动计划，成立太空垃圾协调和专家组，不断加强太空垃圾监测、预警、防护和减缓等各项研究工作。并于 1995 年，中国国家航天局代表中国政府作为正式成员加入 IADC（国际机构间太空垃圾协调委员会），积极参加历

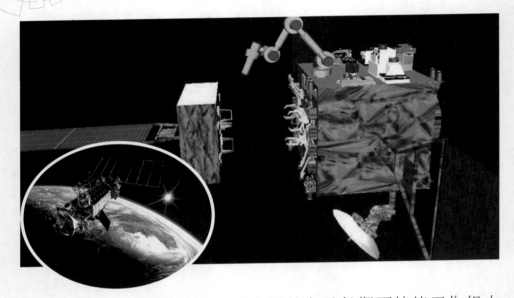

次 IADC 会议和活动，参与联合国外空委长期可持续工作组太空垃圾议题相关活动，遵循联合国太空垃圾减缓指南，制定颁布了《太空垃圾减缓与防护暂行管理办法》，为保护清洁的外层空间，促进太空垃圾的国际交流与合作，作出了积极贡献。中国每两年举行一次全国太空垃圾学术交流会。2001 年，中国出版了国际上唯一一本太空垃圾研究专刊（季刊），从 2017 年起公开发行。正如《2016 年中国的航天》白皮书所述，中国将继续推进太空垃圾相关研究工作，加强政策和法规制定。中国国家航天局也愿意与各国航天机构一起携手共进，共同维护一个和平清洁的外层空间。中国为太空环境保护作出了重要贡献，并将继续作出自己的贡献。

太空垃圾的来源

首先，来自被遗弃的航天器和火箭箭体，不论它们曾经有多么辉煌的历史，最终却变成了不折不扣的"垃圾"。人类第一个空间站——和平号空间站，在完成任务后也成了最大的太空垃圾。第二，人造太空飞行器爆炸解体所形成的碎片，是最主要的太空垃圾来源。如1961年6月29日，运载子午仪卫星的运载火箭第一次爆炸，就产生了296块可跟踪的碎片。第三，固体火箭喷射物，主要是在燃烧过程中铝变成氧化铝被喷射到太空中，其直径从小于1微米到50微米以上，也能达到厘米级。第四，特殊碎片，如冷凝剂等向外泄漏形成的100微米至4.54厘米的液态碎片。第五，操作过程中产生的碎片和剥落物，如应用卫星等进入工作状态前，相机、望远镜的镜头保护盖，航天员的生活垃圾以及航天员在太空行走和工作时无意中丢失的物品（航天员埃德·怀特在进行美国第一次太空行走时手套被漂走，幸好未铸成大祸，但他的手套从此成了一块特殊的太空垃圾）等等。剥落物是指航天器在太空恶劣环境中，其表面油漆、表面材料会出现剥落，就成了太空垃圾。第六，太空垃圾间的撞击产生新的碎片。值得注意的是，这种新碎片有可能会产生"雪崩"效应，数量会急剧增加。2009年2月10日，铱星系统第33颗星和俄罗斯"宇宙2251"卫星发生了碰撞，在短短几个月之内，两颗卫星碰撞产生的垃圾几乎覆盖了它们曾经所在的轨道。

如何移除太空垃圾

第一，自然移除。空气造成的阻力将低轨垃圾缓慢拖回大气层烧毁。

第二，人为移除，比如采用再一次航天发射的方式，直接捕获太空垃圾。1984年初的航天飞机STS-41B任务中，美国西联汇款公司的一颗卫星入轨失败，成为太空垃圾。而在随后 11 月的 STS-51A 任务中时，航天飞机在返回地球之前，飞到这颗卫星附近，由航天员使用载人机动系统飞到它附近将它抓住，最后装入航天飞机送回地球。

第三，自我移除。在卫星和火箭设计时，就留有一定余量，让它们携带足够的燃料，在卫星接近寿命终点时，采用最后的动力全力以赴脱离地球静止轨道滑入深空。这个方法也适用于近地轨道。

太空垃圾的现状如何？

根据监测，太空垃圾最大的信息库——美国洲际导弹防御系统，其雷达网公开的检测数据表明，估计有 1.7 亿个直径小于 1 厘米的垃圾在绕地飞行。

绝大部分垃圾分布在近地轨道上，它们的飞行速度普遍在

7000 米／秒以上，是狙击步枪子弹速度的 7 倍左右。在这种强大动能面前，一个最小的碎片造成的杀伤力就会很大。值得庆幸的是，也恰恰因为最多的太空垃圾分布在靠近地面的轨道上，这里极其微弱的空气阻力会将它们

缓慢拖入地球大气层而烧毁。地球大气层是人类最后一道屏障，它烧掉了 99% 以上的星际尘埃、陨石和太空垃圾，保护了地球上生命的安全。

太空垃圾的监测

太空垃圾监测是指对太空垃圾进行探测、跟踪、识别和确认，包括测量太空垃圾的位置、速度，确定太空垃圾的轨道、目标特性等。一般分为地基监测和天基监测。地基监测是利用部署在地面的无线电装置和光电装置来测量太空垃圾。无线电装置包括跟踪雷达、相控阵雷达和电磁篱笆等。

"高分"家族各有千秋

　　"高分"是我国高分辨率对地观测系统重大专项的天基系统建设的简称。2013年4月26日，高分一号卫星成功飞天，并开始在预定轨道稳定运行，至今，我国已经发射了高分一号、二号、三号、四号、五号、六号卫星。高分专项是我国中长期科技发展规划确定的16个重大科技专项之一。现将高分四号、五号、六号卫星简单介绍如下：

高分四号卫星

高分四号卫星是我国首颗地球同步静止轨道高分辨率光学成像遥感卫星。它利用定点赤道上空的优势，能实现地球同步静止轨道可见光 50 米分辨率、中波红外 400 米分辨率遥感数据获取，可为我国减灾、林业、地震、气象等应用提供快速可靠、稳定的光学遥感数据，为灾害风险预警预报、灾害监测、地震构造信息提取、气象监测等业务补充了全新的技术手段。高分四号卫星于2015 年 12 月 29 日成功发射，随即转入卫星工程在轨测试阶

段，经过 4 次变轨，于 1 月 4 日成功定点地球同步轨道，并于当日首次开机成像并下传数据。国家国防科技工业局对外公布了高分四号卫星获取的首批影像图，影像清晰，层次分明，信息丰富，包括 50 米全色、50 米多光谱、400 米中波红外三类，观测幅宽约为 400 千米。

这里着重介绍一下高分四号卫星相机，就是我国光学遥感相机系列中的新款产品——由中国航天科技集团公司五院 508 所研制的我国第一台高轨高分辨率对地观测光学遥感相机。日常生

活中用单反相机摄影，一次成像只能使用一种镜头，但是高分四号卫星相机首次采用了可见光近红外与中波红外共口径技术，可实现可见光／红外共用一个口径，同时对地面成像。为了追求空间分辨率的高水平，就要把镜头口径做得尽量大。高分四号卫星相机镜头长约一米，口径较大，镜头外还罩上了约两米长的遮光罩，无疑像个"大炮筒"。这样体积的"大炮筒"，卫星能搭载一个已属不易。于是，研制人员摒弃了搭载两个镜头上星的传统思路，决定共用一个口径，通过分色装置实现可见光／红外同时成像的效果。高分四号卫星相机幅宽约为 400 千米，一次拍摄成像面积大约相当于一个河南省，紧急情况下 1 天之内，就能对我国疆域完成一次完整成像。此外，它还可以对动态目标的运行轨迹、趋势进行捕获，成为一个"准摄像机"。研制团队为高分四号卫星相机量身打造了采用亿级像素的可见光器件以及百万级像素的中波红外器件，这在我国光学遥感相机研制史上还是第一次使用。同时，由于高分四号运行的高轨环境与低轨环境有很大差别，相机受太阳辐照区域与背光区域的温度差能达到上百摄氏度。研制团队历时两年研究，最终找到了多种热膨胀系数较小的特殊材料用于制作相机镜头，掌握了复杂环境下相机温控技术，确保了镜头在轨运行时的温差能控制在 0.2℃以内。除了选用特殊材料，他们还给相机穿上了三层"保护衣"，配置了长达两米的巨型遮光"太阳帽"，最终解决了复杂太空环境下热交变剧烈的难题，为确保相机成像质量立下汗马功劳。另外，相机防抖很重要，研制团队给相机配上了一台在太空中"零变形"的"三脚架"，使得卫星运行时对相机产生的抖动影响大大降低。

高分五号卫星

该星是我国高分专项中唯一一颗实现高光谱分辨率重要使命的对地观测卫星，将服务于我国生态环境综合监测、国土资源勘查、气象探测等多个领域，有效替代各行业各部门对国外高光谱数据的依赖。

此次发射的高分五号卫星与高分一号、高分二号、高分四号有所不同。前几颗光学卫星只能看到物体的形状、大小，很难分辨出物质的种类或成分。而高分五号卫星，则是世界首颗实现对大气和陆地综合观测的全谱段高光谱卫星，也是我国光谱分辨率最高的卫星，能够直接探测出物质的具体成分。该卫星的成功发射将填补国产卫星无法有效探测区域大气污染气体的空白。通过对大气污染气体、温室气体、气溶胶等的监测，动态反映我国大气污染状况，可以说，它是太空里的"火眼金睛"。高分五号卫星作为我国高分专项的重要组成部分，是我国实现高光谱分辨率对地观测能力的重要标志，将满足环境综合监测等方面的迫切

需求，对掌握高光谱遥感信息资源自主权、助力建设美丽中国和"一带一路"具有重要意义。

高分六号卫星

高分六号卫星是国家高分辨率对地观测重大专项的陆地应急监测卫星。高分六号卫星的成功发射，标志着专项中"2m／8m光学成像卫星系统"正式建成。卫星入轨后与高分一号卫星组网运行，将服务于农业农村、自然资源、应急管理、生态环境等多行业。高分六号卫星在高分一号卫星的基础上，性能指标进一步提高，成为我国第一颗设置红边谱段的多光谱遥感卫星。

高分六号卫星上装有一台多光谱宽幅相机和一台多光谱高分相机，解决了高时效成像、境外成像、多目标成像能力弱等难题，在国际上首次采用自由曲面空间光学技术，实现综合技术指标国际领先。

在研制过程中，高分六号遵循"高性能、高精度、高效能、高可靠、高国产化"的设计原则。高性能——宽幅相机采用自由曲面设计、扩展红边谱段、丰富了成像谱段，成像幅宽达到国际领先，确保了卫星遥感图像高性能，有力支撑了高分工程重大技术突破。高精度——卫星采用对月定标、杂光控制技术、星敏感

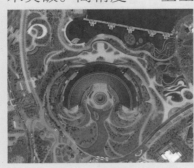

器与相机一体化安装、隔振设计，确保了卫星图像几何与辐射精度的提升。高效能——高分相机镜头采用测绘领域"零畸变"确保观测地物几何尺寸高保真；提升图像存储容量、解决高时效成像、境外成像、多目标成像能力弱等难题，大大提升了卫星运行效能。高可靠——卫星采用整星系统可靠性增长设计、关键单机可靠性增长设计与验证，确保卫星8年设计寿命，保证了应用图像数据的持续、稳定供给。

高分科技的价值所在

对于高分专项的实施，只有把卫星的应用效能发挥到极致，才能让国家、让百姓真正感受到高分科技的价值所在。让我们从下面几个方面看看高分科技的价值所在：1. 实现国土资源立体监测——坚守18亿亩耕地红线，解决国土资源无序开发、土地违法屡禁不止等监管难题。传统调查监测手段周期长、效率低，效果不尽如人意，而卫星遥感成为国土资源管理不可或缺的技术手段，迫切需要构建"天上看、地上查、网上管"的监管体系。在这一背景下，高分卫星的研制和应用，必将为我国国土资源调查、监管、利用，提供强大的数据图像支持，其高空间分辨率和高时间分辨率完美结合的应用优势，也将得到实质性的凸显。2. 支撑农业监测——作为世界粮食大国，我国在农业遥感应用领域，可利用的卫星要么是空间分辨率不够，要么是卫星数据获取的周期太长，致使高分辨率卫星遥感图像的数据需求与实际可利用的图像数据之间存在不小的差距。而高分卫星的研制和应用，将在我国农情遥感监测水平和技术能力的提高、农情遥感监测范围的拓展、农业遥感监测信息安全建设等方面发挥巨大作用。

3. 助力减灾救灾——地震灾害，总是牵动人心。在大灾大难的严酷考验面前，卫星对于灾情监测的精确度和及时度方面仍显不足。我国是一个自然灾害频发的国家，但同时我国的灾害监测手段相对落后，因此，国家减灾救灾任务对高分卫星的需求就显得十分迫切。高分卫星对于减灾救灾最大的优势就是精确性和及时性，它们的发射将为我国综合减灾救灾提供快速、准确的信息，加强地方减灾救灾的业务化、专业化能力，从而整体提高国家灾害管理的科学决策水平。同时，高分卫星还将大大提高我国帮助其他国家的能力，特别是非洲等欠发达地区应对重大自然灾害的能力，从而有力提升我国负责任大国形象和在国际空间技术减灾工作中的地位。此外，高分卫星还可广泛应用到电子政务业务、城乡建设、交通基础设施规划与建设、森林资源和生态环境监测和评价、地震构造调查和地震快速响应、天基气象预报、海洋环境监测、测绘遥感、应急响应等方面，为社会建设作出较大贡献。

东方红卫星

从"东方红一号"卫星到具有世界先进水平的"东方红五号"平台，东方红卫星作为中国人造卫星的摇篮，经历了中国卫星从无到有，从跟跑到并跑，在许多方面甚至领跑的跨越，成为中国空间技术发展的缩影和我国综合实力的重要体现，也是中国航天人创新拼搏，实现建设航天强国梦的写照。

"嫦娥四号" 首登月球背面

2019 年 1 月 3 日 10 时 26 分，"嫦娥四号"探测器着陆在月球背面的南极——艾特肯盆地的冯·卡门撞击坑内，实现了人类探测器首次在月球背面软着陆。它对中国探月乃至人类探月有着异乎寻常的重大意义。

选择探测月球背面出发点

地球上每天有无数的人会举头望明月，可以这样讲，即便从远古时代到今天，人类看到的月亮几乎是相同的，月球的背面始

终没有在人类眼前展露过（虽然月球存在视差现象，可以看见极小部分），越是看不到的地方，我们就是要到实地去观察一番！当然，更重要的原因是月球背面有神秘的探测价值，值得一探！

回过头来，再看一看我们的探月任务，"嫦娥四号"是"嫦娥三号"的备份星，在"嫦娥三号"出色完成预定任务后，科学家们在"'嫦娥四号'究竟做什么"这个问题上意见不一致，分歧在于"嫦娥四号"是落在月球正面还是背面。最终专家认为"嫦娥四号"落在月球背面，虽然技术风险激增，却意义重大。为了解决在月球背面与地球通信的问题，科研人员提出了相应的解决方案：把中继卫星发射到月球背面上空的地月引力平衡点——L2 点（拉格朗日 2 点的简称）。

最难也要上

我们知道，阿波罗探月工程所取得的巨大功绩是可以载入史册的。但这些探月任务都集中在月球正面，一个重要原因是背面着陆的难度远大于正面。"嫦娥四号"选择着陆月球背面，再难也要上！

科研价值大

根据资料介绍，"嫦娥四号"着陆月球背面科研价值大主要表现在如下几方面：一是月球背面几乎全是环形山、陨石坑，但形成的原因目前只有理论解释，没有实

地验证。二是月球背面的南极——艾特肯盆地，更接近月球最原始的状态，更有研究价值。三是"嫦娥四号"着陆点是月球上最大的环形山。这里曾受到强烈碰撞，极可能曾被熔岩淹没，除了物质丰富，更有可能会留下月幔最原始的组成成分，藏有月球最深的秘密。四是氦－3理论上应该更容易在月球背面生成，正好去一探究竟。五是月球背面没有来自地球辐射的干扰，这意味着在这里进行天文观测等活动会更安静、有效。六是月球背面的土壤极可能与正面的不一样，探索未知领域的价值更大。

信号如何传送

庞大的月球球体将阻隔地球上发出的信号，信号到达不了月球背面，无法与登陆月球背面的"嫦娥四号"联系，该怎么办？"搭桥"是较为完美的解决方案。即发射一颗中继卫星，将其当作中转站，用来接收和转发地球、月球上发出的信号，相当于给地球和月球搭起一座通信桥梁。其实就好比把地面站搬到天上。中国的中继卫星技术已经相当成熟，通过发射中继卫星为航天器和地球搭建天地通信链路，是一种较为常见的做法。但用作"嫦娥四号"的中继卫星则有点不一样，因为"嫦娥四号"的中继卫星则更像是为执行月球背面探测任务量身定制。该中继卫星被命名为"鹊桥"。

"鹊桥"不大，整个重量大概 448 千克，卫星本体横向尺寸 1.4 米 × 1.4 米，高度才 850 毫米，加上 3 米多天线，就像一个中型保险柜。2018 年 5 月 21 日 5 时 28 分，"鹊桥"在西昌卫星发射中心成功发射升空。在约 21 天时间内，"鹊桥"将进行 2 次中途修正和 3 次捕获控制，最终进入绕 L2 点的 Halo 轨道。

"鹊桥"为何最终到达这里？ L2 点距离地球 40 多万千米，是 5 个地月拉格朗日点中的一个。显然，中继卫星正是看中了地月拉格朗日点的稳定性。将中继卫星架在这些点，从而节省卫星燃料。为何偏偏选择了 L2 点？"嫦娥四号"要在月球背面靠近南极的艾特肯盆地执行任务，想要在此处和地球同时可见，只能选择 L2 点。"鹊桥"选择了地月 L2 点，但并不是在此处保持静止状态，而是围绕该点作周期运动，其运动轨道是 Halo 轨道。"鹊桥"架设在这一轨道上，既能"看见"地球，又能"看见"月球，既可以同时与地球和月球背面进行信息和数据交换，又保持相对稳定状态，从而节省了燃料。"鹊桥"是世界上第一颗成功在 L2 点上采用 Halo 轨道的卫星，意味着我国率先掌握了地月中继通信技术。月球背面将第一次听到来自地球的叩门声。

犹如在风暴中心冲浪

月球背面陨石坑密布，尤其南极——艾特肯盆地地形更加复杂，对配合着陆的传感器要求极高，尤其是高度方面的变化速度大大超过以前的任何一次要求。冯·卡门环形山属于核心区域，对"嫦娥四号"而言，要找到它，需要花费九牛二虎之力才能成功。探测器在月球正面着陆犹如小船在湖面上划动，而在月球背面着陆就像在暴风雨中的海上冲浪，不在同一个层面上。

月 食

月食是月球进入地球影子的时候出现的奇观。地球影子有本影和半影之分。当一部分月球进入地球本影的时候，会出现月偏食；当月球全部进入地球本影的时候，即月全食。比如，"嫦娥一号"在绕月飞行的一年期间，遇到了两次月食，其中一次月全食的时间大概有5个小时。月食期间，地球会遮住太阳的光。没有阳光，太阳电池帆板就无法供电。此时的卫星会转为由蓄电池组单独供电。

中国"魔盒"

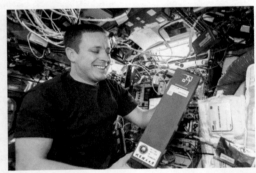

2017 年 6 月 4 日，美国的"龙"货运飞船，为国际空间站送去了新的补给和实验设备。同时，飞船上还搭载了一位特殊的"乘客"——由北京理工大学邓玉林教授团队设计，用于研究空间环境下基因突变规律的实验载荷，这个重 3.5 千克的深绿色盒子将在空间辐射及微重力环境中接受试验。这是第一个完全由中国科学家自主设计、研发和制造的实验项目首次到访国际空间站，因此格外引人瞩目。

中国"魔盒"

在地球上，有很多生命现象在进化过程中被掩盖了，一旦到空间环境开展科学实验，就有可能发现在地面上不了解和难以发现的科学现象。邓玉林教授团队研制了体积小、重量轻、耗电量少和自动化程度高实验载荷，这个实验载荷还能适应空间飞行条件，对抗太空一些特殊环境，例如失重、辐射、振动和温度变化。为了能让"芯片"在太空应用，芯片设计必须考虑与地面完全不同的环境，例如，太空剧烈的变温，航天器发射和返回时的剧烈振动，太空辐射、失重等特异环境。最终，这个载荷重 3.5 千克，有 12 块芯片，60 个通道，可以对 20 个基因在空间环境下的突变规律进行研究。它能自动变温、自动加料、自动开始和停止实验……阀、泵、反应器一个也不少，故可称之为"魔盒"。该载荷共有两组，研究人员在芯片中装入了不同的生物基因样品，芯片可以控制样品的温度，同时可以检测基因的变化。

探寻之"路"

在开始空间飞行后，研究人员将启动"魔盒"中的相关仪器，让抗体基因片段在空间环境下（Y 射线、微重力）扩增。同时地面将完成对照实验。飞行结束后，项目组会对在轨飞行的"DNA"和"对照组 DNA"进行分析，比较两者的不同，期望能得出空间飞行导致基因突变发生的频率、位点等，进而探讨空间辐射及微重力环境下的基因变化。依照计划，该实验载荷将被带入国际空间站的美国实验舱，由美国航天员在空间环境下进行

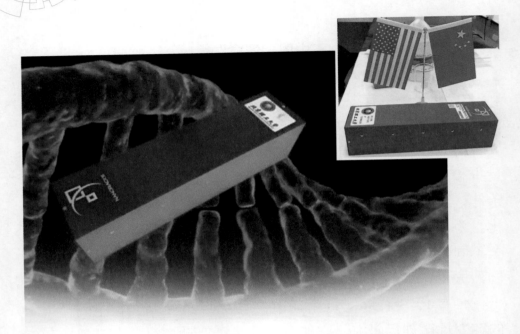

两次实验。纳诺拉克斯公司受北京理工大学委托，在得克萨斯州休斯敦与航天员进行"天地通话"，以保证实验顺利进行。实验数据传回北京理工大学供科研人员研究。此前，该科学载荷就已经搭乘"神舟八号""长征七号"和"天舟一号"实现"太空之旅"。在"神舟八号"载荷实验的研究中，还发现了一些显著的变化：代表神经、代谢系统功能的基因变化很少，而代表免疫的基因变化却很多。为此，团队提出了一些大胆的创新设想，并促成了在国际空间站上的空间实验。这也是在国际上首次利用空间环境开展的"微进化"研究，有助于认识空间环境对于生物进化规律的影响，对预防和控制疾病有着重要意义。

"天宫二号"

　　"天宫二号"是中国第一艘真正意义上的空间实验室。与"天宫一号"相比,"天宫二号"所承担的任务更加繁重,将为我国空间站建设进行多项技术验证,完成航天员中期驻留、推进剂在轨补加、在轨维修技术试验等三大任务。除了上述三大任务之外,"天宫二号"还将承担空间应用科学实验、航天医学实验、空间站技术验证试验等任务,为后续空间站建设打下坚实基础。

"月宫 365"

"月宫 365" 是一项要在"月宫一号"中生活 365 天的实验计划。"月宫一号"由北京航空航天大学教授刘红带领团队研发建立，是一个生物再生生命保障系统（简称 BLSS）。为什么要进行这项计划呢？因为人类要离开地球在遥远的太空生存，离不开氧气、水和食物。不论是我国的"神舟"系列飞船，还是国际空间站美国的空间实验室等，飞船上天通常会携带全部物资，也可以通过物理化学方式再生氧气和水，而航天员吃的食物只能靠携带。然而，如果人类在不远的未来进行更长时间、更远距离的太空探索，例如构建月球、火星基地等等，食物完全通过携带或从地面定期补给将变得十分昂贵。解决办法只有依靠月球、火星基地或是飞向火星的飞船，构建一个类似地球生物圈的小型生态系统，即生物再生生命保障系统。"月宫 365"实验是在地面上模拟未来太空生存保障状态，使进入太空后不再需要或很少需要地面物质支持，氧气、水和食物通过生物技术再生，航天员长期在

站内工作和生活。

在"月宫"生活

"月宫一号"被形象地称为"太空农场",它由1个综合舱和2个植物舱组成。综合舱包括居住间（4间卧室）、工作间、洗漱间、废物处理间和昆虫间等。植物舱采用三层立体栽培方式，使种植面积大幅增加，可根据不同植物生长需要独立控制环境。简单来说，这个"农场"除了"农夫（志愿者）"外，还有植物、动物、微生物，因此，"月宫一号"成为世界上第一个四生物链环的人工闭合生态系统。"月宫一号"每天大约可以收集300升水。植物中人不吃的部分，比如作物的秸秆、蔬菜的根和老叶败叶，可以用来饲养动物，动物能够提供优质蛋白和更合理的氨基酸配比。植物不可食部分、人的排泄废物、厨余／生活垃圾，被送进微生物分解环节。微生物可以分解为固定的碳，变成二氧化碳进入空气中，重新被植物利用进行光合作用。从尿液中回收水和氮素以及经过生物净化后的卫生废水，用于灌溉植物。植物吸收废物处理产生的二氧化碳和水，又可以不断生长出新的食物。这样就形成了"月宫一号"里生物的闭合循环。

在"月宫一号"里已栽培筛选出5种粮食作物（小麦、大

豆、花生、油莎豆、玉米），15 种蔬菜作物（胡萝卜、豇豆、四季豆、紫叶油菜等），1 种水果（草莓）。"月宫一号"里植物生长所依赖的"太阳"就是 LED 光源。"月宫一号"里饲养的动物黄粉虫算是明星乘员，它是国际上公认的安全可食用的虫子，蛋白质含量高达 60%，还含有磷、钾、铁等常量元素和多种微量元素。在"月宫一号"中，油炒黄粉虫是一道营养丰富的家常菜。黄粉虫呼吸产生的二氧化碳还为植物光合作用提供了原料。"月宫一号"里的微生物群落主要用来分解废物。有的微生物还充当着系统保护者的角色，比如某些植物抗病微生物可以帮助植物抵抗病害，再比如人体的肠道益生菌群可以帮助消化。也有的微生物，如致病微生物，在环境发生改变时有可能变成致病菌，还有一些微生物寄居在舱室关键设备上，有可能影响系统运转。因此，"农夫"要定期监测、清除"月宫一号"里的有害微生物。

　　"太空农场"就是通过上述过程完成了固体物质循环、气体循环和水循环，实现氧气和水 100% 再生、食物 80% 再生的目标，过上了"吃喝不愁"的生活。

"月宫"生活安排

根据实验计划，在"月宫一号"中生活365天，实验人员分两组交替进行。第一组60天，第二组200天，剩下的105天由第一组完成。

"月宫一号"里的志愿者

"月宫一号"里住着3名志愿者，包括2位女士和1位男士，均为博士学历。3名志愿者的工作任务包括：动物培养、微生物控制、固体废物和废水处理、小麦的培养和研究、蔬菜的培养和研究、食物加工等。

世界唯一，"墨子号"卫星！

　　2017 年 8 月 10 日，中国完全自主研制的世界上第一颗量子科学实验卫星"墨子号"在国际上首次成功实现了千公里级的星地双向量子通信，"墨子号"在不到一年的时间里就完成了原定两年完成的科学目标，这标志着中国量子通信研究在国际上达到领先水平，为我国在未来继续引领世界量子通信技术发展奠定了坚实的科学与技术基础。

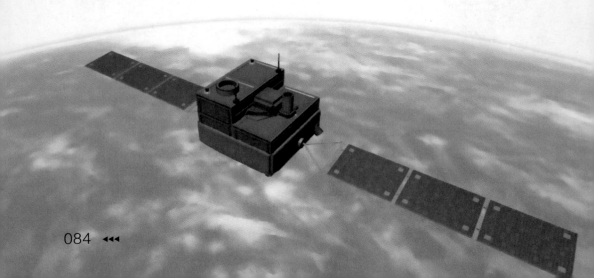

"墨子号"的摇篮

由中国科学院院士潘建伟担任首席科学家的中国首颗量子科学实验卫星，于 2016 年 8 月 16 日凌晨，在酒泉卫星发射中心由长征二号丁运载火箭发射至高度为 500 千米的预定轨道，卫星有效载荷包括量子纠缠源、量子纠缠发射机、量子密钥通信机和量子实验控制与处理机，共同完成了纠缠光子的生成、发送、地面通信以及实验控制。

地面建设有 4 个量子通信站（南山、德令哈、兴隆、丽江量子通信地面站）和 1 个空间量子隐形传态实验平台（阿里量子隐形传态实验平台），在量子科学实验卫星控制中心的指挥和调度下，共完成 4 项重要的科学实验——星地高速量子密钥分发实验、广域量子通信网络实验、星地量子纠缠分发实验、星地量子隐形传态实验。

潘建伟院士还提到，量子保密通信"京沪干线"在 2016 年下半年已全线开通，应用于金融、电子、政务等多领域的信息传输。据介绍，"京沪干线"项目是连接北京、上海的高可信、可扩展、军民融合的广域光纤量子通信网络，中间还有合肥、济南等重要节点，全长 2000 余千米，属世界首例。如果说"京沪干线"像连接地面每个城市、每个信息传输点的"网"，量子科学实验卫星就像一杆将这张网射向太空的"标枪"。当这张量子通信之"网"织就，巨量信息将在其中来去如影，且极其安全。

"墨子号"的使命

中国此次发射的量子卫星主要任务是将地面上的量子纠缠实验"搬到"外层空间，即通过连接地面上的量子通信网，完成星地量子保密通信、星地量子纠缠分发、星地量子隐形传态等实验。这颗量子卫星肩负着科学和技术的双重使命。

从科学的角度说，量子纠缠和量子隐形传态，是量子力学领域当中最莫名的现象，连爱因斯坦也为此困扰，称之为"幽灵般的超距作用"。此次卫星在轨，就是首次在大尺度的空间对量子理论进行验证，即验证量子在分开数千公里的距离后，是否依然保持纠缠特性。

而从技术的角度看，卫星在轨的重要实验目标就是完成星地量子保密通信。这是目前世界上唯一的星地量子通信通道。通过卫星将地面站、地面光纤网络及其他地面终端连接，如果运行顺利，天地一体化的量子通信网络将初步成为现实，有望实现全球量子密钥初步业务化运行。值得一提的是，"墨子号"的此次洲际量子密钥分发演示，也为国际同行开放了天地一体化实验平台。

量子计算机

专家认为，量子计算利用量子态的叠加性质，可以实现计算能力的飞跃，打个比方：未来的量子计算机与今天的超级计算机，就像大学教授与幼儿园的儿童。中国顶级的"天河二号"计算机需要用100年计算的难题，它只需0.01秒。从电脑到激光，从核能到生物技术，几乎没有哪个领域不依赖量子理论，量子推动和造就了现代世界。为此，要开发威力强大的量子计算机和最为安全的量子通信。中国科学院院士潘建伟说，要做出通用的量子计算机，可能还很遥远，也许要 30 年或更长，但是对某一种计算功能算得比较好的量子模拟机器估计 5 到 10 年就有望出现。目前阿里巴巴已与中科院合作，开展量子计算方面的研

究，期望能够在 5 年左右的时间里实现的计算能力，大概可以超越"天河二号"。如果量子计算机出现，人们目前自以为安全的一切将不堪一击。但也不用过于悲观，如果量子计算机是"利剑长矛"，那量子密码技术就是抵御它的"坚固盾牌"。量子密码是一种不可窃听、不可破译的新一代密码技术。

前景展望

在潘建伟的设想中，量子通信有望在 10 年左右的时间走进千家万户，网上银行、网络支付、手机支付等，都能享受到量子通信所带来的安全性保障。

量子与量子通信

量子是什么？一个物理量，如果有最小的单元而不可连续地分割，这个物理量就是量子化的，这最小的单元就称为量子。构成世界的所有物质都是由很小的微粒组成的，包括原子、分子、光子，其实它们都是量子。所以也可以说整个世界其实就是由量子组成的。

什么是量子通信？量子通信是根据量子叠加、量子纠缠理论，通过隐形传输而实现的一种信息传递方式。

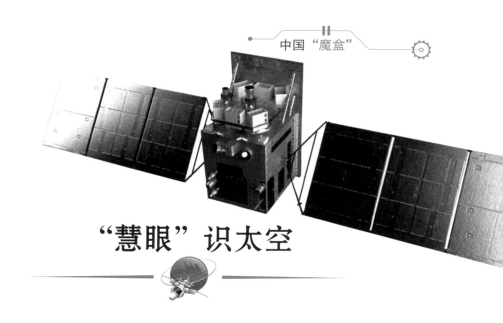

"慧眼"识太空

2017年6月15日,我国成功发射硬X射线调制望远镜(HXMT)。HXMT卫星又被命名为"慧眼"。它将揭示宇宙中X射线源的秘密,详细研究黑洞、中子星等天体的性质。

"慧眼"之解

"慧眼"设计寿命4年,质量2496千克,运行在高550千米、倾角43度的近地圆轨道上。卫星本体呈立方体状,同时安装了高能、中能、低能三组X射线望远镜,实际上就是一座小型空间天文台。这颗卫星首次实现了1千~250千电子伏特的能区全覆盖,有利于从不同能段来观测和研究X射线天体的辐射机制。其中,高能工作能段为20千~250千电子伏特,中能工作能段为5千~30千电子伏特、低能工作能段为1千~15千电子伏特。高能X射线望远镜是世界上探测器面积最大的望远镜,面积越大，探测到的信号就会越多，就越有可能发现其他望远镜看不到的现象。

扫描观测是"慧眼"发现、监视已知源的变化，以及发现新天体的主要手段。而我国科学家又开发了一种新的观测方法，即通过调整高能 X 射线空间天文卫星主探测器光电倍增管的高压，可以使其中的特制晶体成为一个大面积的大视场监视器，探测硬 X 射线和软伽马射线爆发现象。这一创新设想将"慧眼"的观测能区进一步推到更高层面。

观测黑洞

与目前在轨运行的国外 X 射线空间天文卫星相比，"慧眼"优势明显，是国际上最大面积的硬 X 射线／软伽马射线能段探测

器。由于"慧眼"探测器能谱范围非常宽，所以它除了可探测空间 X 射线外，还可拓展进行伽马射线暴、恒星爆炸、黑洞等探测。不仅能将宇宙事件从发生、发展到结束全过程的壮丽景象尽收眼底，还可看到这些壮丽景象出现时的过程是怎样的，且比国际上其他同类卫星的分辨率高，这对于推动突发天体现象研究的深入意义重大。

"慧眼"首席设计师张双南认为，黑洞能产生 X 射线，还有可能产生高能宇宙线以及强烈的喷流。它们究竟在干什么？现在人类只有二三十个黑洞的样本，能发现更多当然好，对已发现的黑洞我们也

希望研究得更清楚，找到黑洞只是开始。黑洞有时很冷静，有时很暴躁。当它"发脾气"时，产生的 X 射线流特别强。国外的卫星适合看安静的黑洞，而"慧眼"特别适合看暴躁的黑洞和中子星。张双南还认为，"慧眼"可以给宇宙中诡异的中子星"把把脉"。虽然还不清楚中子星的内部是什么，但它们具有超强的引力场、电磁场，是极端物理现象的天然实验室。通过研究中子星的 X 射线，我们可以测量其表面的磁场强度以及强磁场下物质

的性质。

保驾"慧眼"

"慧眼"本领高强，如果没有出色的保驾者，也是枉然！这位保驾者就是由中国航天科技集团五院研制的支撑平台！因为"慧眼"上的科学设备需要在 -80℃至 -60℃的低温下才能可靠地工作，必须确保望远镜不能见到太阳、地球和月亮，以免造成辐射增温或增加噪声。同时，安装在同一支架上的高、中、低能X射线望远镜对温度指标要求区别很大，指标最大温差达60℃。为此，科研团队必须采取主动控温和被动控温相结合的方法，多种温控手段并用，这就需要通过安装遮阳板、采取多极隔热、采用深冷热管技术以及优化观测状态等方法实现。

任重道远

人类已探测到引力波，但科学家急切想找到与引力波相对应的电磁波信号，这也是"慧眼"的一项重要使命。"慧眼"有200千电子伏特至3兆电子伏特能区面积最大的伽马暴探测器，是目前国际上最好的，一年可观测到近200个伽马暴。"如果能发现引力波的电磁对应体，这将成为'慧眼'最精彩的科学成果。"张双南说。

什么是黑洞

　　黑洞是指宇宙引力巨大的区域，它能吸收任何物质，包括光和其他形式的射线，而且任何东西只要一进入黑洞的边界，就别想再溜出来，就会在瞬间消失得无影无踪，活像一个真正的无底洞。"黑洞"是美国物理学家约翰·阿奇博尔德·惠勒于1969年提出的。

引力波探测初露端倪

　　美国国家科学基金会在华盛顿特区国家媒体中心宣布：人类首次直接探测到了引力波！这个被称为天文学第一声"蛐蛐声"的引力波初始频率为 35 赫兹，接着迅速提升到了 250 赫兹，最后变得无序且消失，整个过程仅持续了四分之一秒。若果真探测到引力波，不仅证实了爱因斯坦广义相对论对引力波的预言，也证明了宇宙暴涨理论，还消除了把自然界强力、弱力、电磁力、引

力这四种力用统一场论描绘的"拦路虎",可以说开启了物理研究的新领域。

什么是引力波

在物理学上,引力波是一种以光速传播的时空波动,如同石头丢进水里产生的波纹,引力波被视为宇宙中的"时空涟漪"。

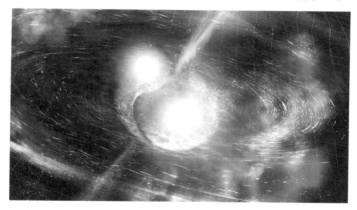

地球围绕太阳以每秒约 30 千米的速度旋转,发出的引力波功率仅为 200 瓦,还不如家用电饭煲功率大。只有宇宙中大质量天体的加速、碰撞和合并等行为发生才能形成强大的引力波,但产生这种较强引力波的波源距离地球都十分遥远,传播到地球已变得非常微弱。1974 年,物理学家泰勒和赫尔斯对一个双星系统的轨道进行了长时间的观测,观测值和广义相对论预言的数值刚好符合,这间接证明了引力波的存在。泰勒和赫尔斯也因此荣获诺贝尔物理学奖。尽管人类对双星系统的观测间接证明了引力波的存在,但始终没有直接探测到引力波。

怎么看引力波的研究

引力波是一个有着巨大潜力的研究项目,这一次的探测并不是终点，很有可能带来一批诺贝尔奖级别的发现。中国是全球第二大经济体，伴随经济高速增长，近年来，中国的科技创新水平也取得了长足进步。中国科研投入经费虽然不少，但整体上还是偏重应用，对发现引力波之类的基础研究投入相对不足。这次发现引力波，中国科学家虽有参与，但与中国对科研的投入并不匹配。未来 30 年是中国科技发展的关键期，要成为国际领先，至少在部分领域需要建设一批标志性的科学工程，要有一批重大科学成果出现。

中国正在做

中国科学家公布了筹划中的一项新的空间探测引力波计划——"太极计划"。之所以起名"太极"，是因为按照中国的宇宙观，万物开始是太极，探测原初引力波就是研究宇宙的起源，而且太极的图形与双黑洞形象很相似。"太极计划"目前有两个方案：方案一是参加欧洲空间局 e-LISA 双边合作计划；方案二是发射 3 颗中国的引力波探测卫星组，与 2035 年左右发射的 e-LISA 卫星组同时遨游太空，独立进行低频引力波探测，两组卫星互相补充并检验测量结果。

与此同时，中山大学提出另一项空间探测引力波计划，并起了一个诗意的名字——"天琴计划"。"天琴计划"为 4 个阶段：第一阶段，创建月球／卫星激光测距系统，完成中国自己的月地测距，同时检验牛顿万有引力常数的变化。第二阶段，发射一颗卫星，完成星载激光干涉仪等关键技术验证。第三阶段，发射两颗卫星，完成星间激光测距等关键技术验证。第四阶段完成所有空间引力波探测所需的关键技术，发射 3 颗地球高轨卫星进行引力波探测。"天琴计划"项目负责人说我们想要跟 e-LISA 竞争，如果我们做得好，15 年内能做上去的话，就会比他们快。目前，中山大学珠海校区正在建设引力波研究所需的地面基础设施，已经启动山洞超静实验室和激光测距地面台站基础设施建设。

引力波探测中的 "大插曲"

2014 年 3 月，天文学家宣布在宇宙背景微波辐射中发现了原初引力波的证据，是 138 亿年前宇宙大爆炸中遗留的痕迹。引力波传播时，对空间挤压和拉伸。因为微波背景辐射也是一种光线，也具备光的所有性质，科学家声称找到的是一种称为 "B-模" 的特殊形式，它的出现是引力波存在的独特标记。2015 年 1 月，美国哈佛—史密森天体物理中心宣称在南极观测到的原初引力波出错了。要从杂乱无章的各种引力波中辨认出带有宇宙大爆炸初期引力波留下的独特标记的确太困难，需要灵敏度更高的设备来找寻。

"悟空"的"火眼金睛"

2015 年 12 月 17 日清晨，一颗被称作"悟空"的卫星在酒泉卫星发射中心被成功送往宇宙空间，寻找神秘莫测、幽灵一般的暗物质。2017 年 11 月 30 日，著名的《自然》杂志在线发表一篇来自中国的重量级科研成果，中国的探测卫星"悟空"获得世界上最精确的高能电子宇宙线能谱。科学家推测，这可能就是人们长期以来寻找的暗物质。

"悟空"的来历

为了给暗物质粒子探测卫星起一个含义深刻的名字，有关方面还为此发起了征名活动。活动共收到方案 32517 个。最后经评委投票，将暗物质粒子探测卫星命名为"悟空"。"悟空"是中国名著《西游记》中的齐天大圣，他火眼金睛，神通广大。起名"悟空"暗指卫星将凭借卓越的空间探测能力在太空中大显身手、寻找暗物质；

另一方面，"悟"有领悟的意思，"悟空"有领悟、探索太空之意；另外，"悟空"的形象在中国家喻户晓，也符合将卫星以神话形象命名的做法。

非凡的"悟空"

"悟空"的身材比一般的卫星小巧，长 1.5 米，宽 1.5 米，高 12 米，而它的"火眼金睛"是世界上迄今为止观测能段范围最宽，能量分辨率最高的空间探测器。它的观测能段是国际空间站"阿尔法磁谱仪"的 10 倍，能量分辨比国际同类探测器高 3 倍以上。"悟空"腹内，分布有上万根密密麻麻的导线，其复杂程度令人叫绝！而且它还有 BGO 量能器和中子探测器等 4 个科学载荷，能测量高能粒子的能量、方向和电荷，并有鉴别粒子的本事。"悟空"将面朝太空，接受来自宇宙四面八方的高能电子和伽马射线。由于暗物质可能存在于任何区域，它最初将对全天区扫描，探测暗物质存在的方位。两年后，根据全天区探测的分析结果，它对暗物质最可能出现的区域开展定向观测。寻找暗物质

的过程就像与"幽灵"捉迷藏。"悟空"就是通过提高能量分辨和空间分辨的本领，降低宇宙射线背景噪声等方法提高灵敏度。

位于卫星核心部位的 BGO 量能器包含了 308 根纵横交错排列的晶体，每一根都有 2 厘米见方、60 厘米长，是世界上最长的 BGO 晶体，研制难度非常高。整个卫星中，BGO 量能器就占了多半。这些漂亮的"水晶棒"能够测量入射粒子的能量，并区分出质子和电子。悟空用轻盈的身躯背负了 3.2 倍体重的探测仪器。

发射"悟空"的缘由

"悟空"是中国科学院研制的第一颗科学实验卫星，应用于基础科学领域。这标志着始于半个多世纪前的中国太空探索，不仅仅是在满足工程应用和人类生存，取得直接的国防、经济效益，还要深入解答有关宇宙命运的谜题。目前在空间科学领域，中国还只是知识的使用国，要想实现创新驱动发展，必须要有创新的能力。"悟空"这颗卫星，目前已获得了超过 35 亿的高能粒

子。基于这些数据，我国科研人员绘制出世界上最精确的高能电子宇宙线能谱，完美展示出宇宙射线中的高能电子数目随能量变化的分布情况。其中电子宇宙线能谱在 1.4 万亿电子伏特处出现了一个尖峰。这个发现让科学家们很兴奋，因为它可能来自暗物质或是某种奇特的天体。如经确认，将是粒子物理或天体物理领域的创新性发现。

暗物质是看不见的物质

暗物质到底是一种什么样的物质，是真的暗到看不到吗？的确如此，在浩渺的宇宙中存在暗物质和暗能量，真的暗到看不见，其数量还不是一点点。据有关资料介绍，时至今日，人类只弄清了 5% 的宇宙，还有未知的 95% 是看不见的暗物质和暗能量，其中暗物质大概占 27%，真的不少！在新世纪要解答的 11 个科学问题里，"什么是暗物质"列在第一位。

领跑世界的"风云四号"

从 1988 年到 2015 年底，我国共发射了 14 颗"风云"卫星，分别是"风云一号""风云二号""风云三号"3 个系列。人类对气象的观测没有止境，对卫星探测的时间、空间和光谱分辨率要求以及定量探测精度的要求也越来越高。2008 年，"风云四号"的方案被正式提出，世界一流、领跑世界的壮志雄心跃然纸上！在迈过一个个技术坎后，如今，"风云四号"已经在轨工作许久，星地运行稳定可靠，在数据接收、业务遥测遥控、测距、图像导航、辐射和光谱定标等方面均达到预期，卫星所有观测功能得以实现。"风云四号"的稳定运行和出色表现，使得我国在气象卫星领域跻身世界一流。

难得的变"脸"

2017 年 9 月 25 日至 9 月 28 日，用户在启动微信时，会发现一个明显的变化——地球照片与原先的照片不一样了，照片更加清晰、云层更细致，同时地球图片由非洲大陆上空视角，变为我国的上空视角。从以前美国航天员拍摄的图片换成我国新一代静止轨道气象卫星"风云四号"的成像图。这一变化是为了祝贺"风云四号"的巨大成就。

这颗卫星填补了我国多项技术空白，是一颗有"跨时代"意义的首发星，并因其相对静止、可以给大气"做 CT"、可以抓拍闪电等特点闻名于世，成为我国静止轨道气象卫星整体性能达到世界先进水平的标志。

经得住严峻考验

2017 年 8 月 23 日，台风"天鸽"来袭。短短几天，从热带风暴升至强台风，而这一切，被远在 36000 千米外的"风云四号"尽收眼底。由它生成的卫星连续监测、密切跟踪着"天鸽"的一举一动。当然，这只是"风云四号"在轨工作的寻常一天。在轨测试期间，它的表现堪称完美。严重的沙尘暴、特大暴雨、台风等多种灾害性天气倒逼"风云四号"，但"风云四号"经受住了极端天气的重重考验。这多亏了尖端技术。这颗卫星搭载了全球首个大气垂直探测仪。其中，多通道

扫描辐射成像仪犹如一只"千里眼"，是迄今为止我国静止轨道最先进的辐射成像仪，与美国发射的新一代静止气象卫星 GOES-R 相当。其中有一个指标：空间分辨率最高可达 500 米，这 500 米意味着什么？这样的精度相当于在几千米之外点燃几支蜡烛，想要看到哪支就能看到哪支。不简单吧！如此一来，地球大气的变化，还能逃脱它的"法眼"？

在"风云四号"上，同时搭载闪电成像仪和空间天气监测仪，这犹如为"风云四号"另外加装了两只强大的"眼睛"。闪电成像仪可以每秒钟拍摄 500 张照片来捕捉闪电，监视强对流天气的变化；空间天气监测仪可以监视太阳活动、地磁环境和高层大气环境等。这颗"风四郎"带领我国气象卫星由"并跑"变为"领跑"。2017 年 10 月 24 日，中国气象局宣布"风云四号"卫星数据全球免费共享。

造福人类

"风云四号"卫星将大幅度提高我国天气预报、气象防灾减灾、应对气候变化、生态环境监测和空间天气监测预警能力，并广泛应用于气象、水利、农业、林业、环境、能源等领域，在服务我国军民融合战略实施、"一带一路"建设等方面发挥重要作用。国际上对"风云四号"给予高度评价。与此同时，"风云四号"已被世界气象组织纳入全球对地观测气象卫星序列。2017

年，接受和应用"风云"卫星资料的国家和地区多达 70 多个。而含有重磅高科技的全球首个干涉式大气垂直探测仪，已经为世界瞩目，国外已有科研机构提出申请，希望中国能开放相关探测数据，共同开发其学术价值。

风云卫星如何预报天气

天气预报越来越准了，这是我们都感觉到的，这要归功于气象卫星，归功于我们的"风云"系列卫星！那么到底是如何利用气象卫星实现的呢？首先是卫星云图，它是天气预报的重要手段，五颜六色的卫星云图可以用来识别不同天气系统，确定其位置，判别其发展阶段和演变趋势。例如中央电视台在天气预报中使用的云图，全部由上海航天技术研究院研制的"风云"系列卫星拍摄。气象研究人员每隔半小时或 1 小时选择一幅云图，利用连续的 12 幅图像合成云图动画，便可以清晰地看到过去 6～12 小时里云团的移动和变化，从而判断和预测天气状况。

中国的碳卫星有多牛

　　2016 年 12 月 22 日，中国成功将全球二氧化碳监测科学实验卫星（简称碳卫星）发射升空，它将从太空监测全球各国二氧化碳排放情况，为中国节能减排、宏观决策提供数据支持。这一卫星的成功发射使中国继日本和美国后，成为世界上第三个能从太空监测温室气体排放的国家。

如何监测

　　监测是依据大气吸收的原理，二氧化碳、氧气等气体在近红外至短波红外波段有较多的气体吸收，形成显示其特征的大气吸收光谱，对吸收光谱的强弱进行严格定量测量，综合气压、温度等辅助信息并排除大气悬浮微粒等干扰因素，应用反演算法即可计算出在卫星观测路径上二氧化碳的浓度。

　　如果要获取高精度的大气吸收光谱，就要依靠碳卫星携带的高光谱与高空间分辨率二氧化碳探测仪。它们能探测到的最高分辨率达到 0.04nm，如此高的分辨率尚属首次实现。除了上述仪器外，还需配一台多谱段云与气溶胶探测仪，可以用来测量云、大气颗粒物等辅助信息数据，为精确反演二氧化碳浓度剔除干扰因素。

中国的行动

　　据资料介绍，各国近年来纷纷作出二氧化碳减排承诺，但到底每个国家每年有多少碳排放还是一笔糊涂账。原因在于，通过数量有限的地面监测站难以获得全球的数据，所以需要一种在全球范围内对二氧化碳的测量手段。毫无疑问，太空监测是最佳手段，利用卫星对全球二氧化碳监测已经成为一种重要手段。尽管日本与美国分别于 2009 年、2014 年各发射了一颗碳卫星，不过，监测全球二氧化碳的变化情况，仅靠这两颗卫星远远不够。

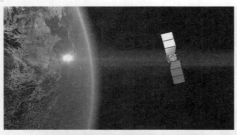

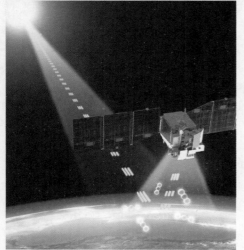

另外，世界上只有美国和日本拥有碳监测卫星，很难获得第一手观测资料。再说，利用卫星监测大气中的二氧化碳，是非常前沿的技术，需要高光谱分辨率、高灵敏度的先进仪器，所以中国研发碳卫星就显得十分必要。全球合作联合监测大气二氧化碳浓度，能为全球气候变化提供更加丰富的监测数据。这里有一个问题，就是在和国外同类卫星探测结果的比对中，如何确保中国的数据是准确的？一句话，靠实力！中国已建设了 6 个地基观测站来标定卫星的探测数据，并验证卫星的探测精度。同时，中国未来需要研制更多的二氧化碳监测卫星。

碳卫星的监测姿态

据专家介绍，碳卫星有好几种监测姿态，一种是"斜着看"，利用太阳在海面的镜面反射提高信噪比，获取海面上空的二氧化碳数据。一种是"竖着看"，利用地面的漫反射特性开展地面上的二氧化碳监测。为了实现多种监测姿态，科研人员为卫星配备了复杂姿态控制系统，使它可以在太空中不断调整姿态，被戏称为"太空中的华尔兹"。

中国碳卫星的价值

以碳卫星的短期目标来看，我们完全可以给出全世界全年碳分布数据，也可以解释发达国家、不发达国家各自的碳贡献。特别是对中国来说，我们可以对全国各个省份、各个城市的碳排放量有详细的监测和分析，能够清楚知道哪个省份哪个区域的碳排放数据。

温室效应

温室效应是指透射阳光的密闭空间由于与外界缺乏热交换而形成的保温效应。就是太阳短波辐射透过大气射入地面，而地面增暖后放出的长波辐射却被大气中的二氧化碳等物质所吸收，从而产生大气变暖的效应。大气中的二氧化碳就像一层厚厚的玻璃，使地球变成了一个大暖房。

预报地震的"探路先锋"

2018 年 2 月 2 日，"张衡一号"电磁监测试验卫星，又称预报地震的"探路先锋"，由长征 –2D 运载火箭从酒泉卫星发射中心成功送入太空。"张衡一号"是首颗观测地震活动相关电磁信息的卫星，这使我国首次具备全疆域和全球三维地球物理场动态监测能力。

按照规划，"张衡一号"将开展全球 7 级、中国 6 级以上地震电磁信息的分析研究，探索地震电离层变化的信息特征，为地震观测研究提供有价值的信息。

我国首颗电磁监测卫星以"张衡"为名，是为了纪念东汉天文学家张衡，他在地震观测方面作出了杰出贡献。

卫星可以预测地震吗

我国地震区域分布广、强度大、震源浅，是世界上大陆地震活动最强烈、灾害最严重的国家之一。地震灾害的潜在危险对我国社会发展造成的影响不容轻视，而地震预测是世界性难题。目前，世界各国监测地震的主要手段仍采用地面台站观测的方式。不过，用地面台站观测的方式具有很大的局限性，这是因为受观测环境和生活环境等诸多客观条件的限制，在国境边界、海洋、高山和原始森林等地区建台比较困难，全球的观测台网密度很不均匀，存在许多监测空白区。另外，现有的地面观测台站受到越来越严重的干扰。还有，用地面台站观测，存在动态性较差等问题，不利于地震预报和地震科学研究的进一步发展。

利用卫星进行地震观测可以克服地面台站观测的许多不

足，它具有覆盖范围广、电磁环境好，以及全天候、全天时、周期短、效率高和动态性强等优点，能够从更大的尺度上提高对地震发生规律的研究和认识，弥补常规地震监测手段的不足。

那么，卫星可以预测地震吗？理论上，地震发生前，震中附近会发生局部地表温度升高的现象，因此，利用遥感卫星上携带的红外相机就能感知。另外，地震在孕育过程中，地球岩石的摩擦破裂会产生电磁波，这些电磁波能够传往大气层。同时，地壳运动切割磁力线，造成磁力线的扭曲。所以，一旦发生地震，地球内部的电磁信息就会出现变化。

不过，地震卫星也存在很多问题。例如，红外遥感容易受到云层遮挡影响，不能作为一种不间断监测的手段。在2008年5月12日汶川大地震发生前夕，由于当地连日阴雨天，受云层干扰，卫星热红外辐射计探测不到云层下低空大气的温度，所以无法做出临震前预报。"张衡一号"通过收集震前短期、临震期释放到空中的电场、磁场、高能粒子、等离子体等的变化数据来进一步观测地震。"天上1天，地上25年"。据专家介绍，"张衡一号"在天上1天得到的数据可能是在地面上25年才能获得的数据，将为地震科学家开展研究提供极为重要的数据资料，从而可对地震预报起到积极的推动作用。

顶尖设备确保高效灵敏

　　"张衡一号"卫星上搭载了多种设备，分别是探测电磁场的高精度磁强计、感应式磁力仪和电场探测仪；探测等离子体的朗缪尔探针、等离子体分析仪、GNSS 掩星接收机和三频信标机；探测高能粒子的高能粒子探测器。它们就像卫星的触角一样，能够感受到各种来自地球磁场、电场、等离子体、高能粒子的变化。有这样一个比喻，在距离地球 500 千米的高空观测磁场变化，相当于在大象身上测出一只蚂蚁的重量变化，其误差不能超过蚂蚁的重量。

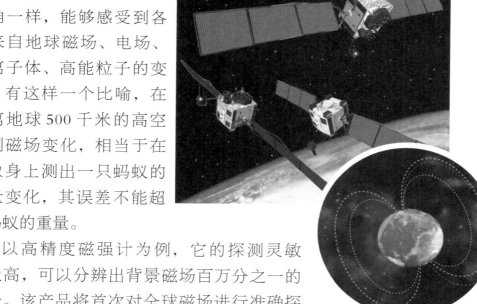

　　以高精度磁强计为例，它的探测灵敏度极高，可以分辨出背景磁场百万分之一的信号。该产品将首次对全球磁场进行准确探测，绘制全球地磁图，以此为基础建立我国首个全球磁场数据库。据介绍，"张衡一号"的设计指标和设备配置均超过国外同类卫星。

意义重大

"张衡一号"使我国首次具备全球地磁场和电离层信息获取能力，它将使我国成为世界上拥有在轨运行多载荷、高精度地球物理场探测卫星的少数国家之一。"张衡一号"具有如下几个重大意义：

一是获得了高精度的全球地球物理探测量，多项指标达到国际先进水平，填补了我国从空间电磁环境方面开展地震学、地质学等相关领域研究的空白，大幅提升了全球空间电磁场、电离层等探测数据获取能力。

二是通过"张衡一号"可实现多项电磁场和等离子体探测技术的国产化，填补传统地面监测手段的不足，大幅增加震例检验机会，对于提升空间电磁场和电离层水平具有重要意义，为地震机理研究和理论探索提供重要数据支撑。

三是为空间天气预警、空间物理和地球物理研究提供重要支撑。该卫星能够有效监测地球电离层环境，为我国自主建立全球地磁场模型和电离层模型，开展空间天气预警及通信导航环境研究提供重要的基础数据，并有望取得重大突破，为服务我国空间物理等基础科学研究奠定重要基础。

四是提升我国在地球物理场研究领域的国际影响力。

虽然目前利用电磁监测试验卫星尚不能直接预测预报地震，现在它还主要是用于对地震前兆信息研究，为未来建立地震监测预报体系进行前期技术储备，但是，随着在地震电磁耦合机理的突破、观测数据资料的积累、地震前兆信息特征和干扰排除方法研究的深入，地震科学研究将逐步取得进步。今后，我国还可以与国外的卫星合作，组成星座编队飞行，提高电磁监测的时间及分辨率。

未来发展

地震预测是世界性的未解难题，"张衡一号"从数据观测做起，离预报地震还有很长的路要走。"张衡一号"每5天飞回一次（也称回归周期），在较大地震发生前后的一段时间内，它飞过地震震中上空的次数可能会很少，每次路过的时间又很短，可以获得的数据来判断地震的时间、位置和强度有很大的困难。未来，以"张衡一号"卫星为基础，跨越式提高防震减灾空间信息业务应用能力正逐步完善。目前，国防科工局、中国地震局、发改委、财政部等正在加快推动电磁监测卫星的论证工作，计划于2020年发射。

"张衡一号"的科学研究得到了多国及组织的共同支持，法国、俄罗斯、欧洲航天局等向"张衡一号"卫星科学团队提供了大量历史及在轨的电磁卫星数据。当然"张衡一号"卫星的观测数据也将为国际合作提供服务。

地震预报

    卫星预测地震的依据是地球周围存在空间等离子体环境，当受到地壳运动、人类活动等影响时，其中的电磁波就会像水中的涟漪一样在等离子体环境里传播。科学家已发现地震也会对空间等离子体环境的电磁场产生影响，甚至会在地震前就会有影响。因此，科学家希望通过研究空间等离子体变化与地震活动的关联规律，来探索如何攻克"地震预报"这一难题。

非凡的"北斗"

　　2018 年 12 月 27 日，北斗卫星导航系统新闻发言人宣布："北斗三号"基本系统建设完成，于今日开始提供全球服务。这标志着"北斗"系统服务范围由区域扩展为全球，"北斗"系统迈入全球时代。据悉，"北斗"系统是中国自主建设、独立运行的全球卫星导航系统，可在全球范围内，为用户提供高精度、高可靠性的服务。2020 年，"北斗"还将继续发射数十颗卫星，完成全面建设，进一步提升服务性能；2035年，将建成以"北斗"为核心，更加智能的导航体系，到时"北斗"将以更强的功能、更优的性能，服务全

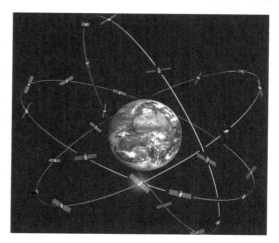

球，造福人类。

导航卫星和卫星导航系统

导航卫星是指从卫星上连续发射无线电信号，为地面、海洋、空中和空间用户导航定位的人造地球卫星。卫星导航系统由空间段、地面段和终端三大部分组成。导航卫星是设在太空中的无线电导航台。先进的导航卫星很精准，可达到分米级。

卫星导航的方法有两种，一种是多普勒测速导航，另一种是时间距离导航，简称时距导航。先说一下多普勒测速导航。我们知道，导航卫星上发出的无线电波的频率是不变的，但由于导航卫星在高速运动，相对地面的观测者来说，频率会发生变化（频移），由远而近时，频率会增高；由近而远时，频率会降低。这与我们站在铁路旁听火车的汽笛声一样，由远而近时，声音越来越尖锐；由近远去时，声音会越来越低沉。实际上，火车汽笛声的频率是不变的，这种现象被科学家称为"多普勒效应"，用户通过测量导航卫星无线电波的多普勒频移，就可以推算自己与导航卫星之间的距离变化。时距导航是用户通过测量从导航卫星发出的导航信号的传播时间，推算自己与导航卫星之间的距离，从而确定自己的瞬时位置。

卫星导航的精度是由卫星的数量决定的。如果导航对象同时只能观测到一颗卫星，那么，精确的定位往往要持续一段时间才能做出，由于在这期间导航对象处于运动中，导航精度就必然产生很大的误差。因此，高精度的卫星导航系统必须由多颗卫星组成网，最基本的全球导航网至少需要 18 颗卫星来维持，再加上必要的候补卫星，同时要有近 30 颗卫星在轨，才能可靠地对全球

99% 以上的地区提供导航信号。或许有人会问，怎么想到用卫星来导航？说来也巧，1958 年初，美国科学家在跟踪世界上第一颗人造地球卫星时（苏联于 1957 年发射的卫星），无意中发现收到的无线电信号有多普勒效应。这一有趣的发现，揭开了人类利用卫星进行导航定位的新纪元。

三步走

第一步，建设"北斗一号"系统即试验系统，1994 年启动。第二步，建设"北斗二号"系统，2004 年启动，2012 年底完成组网，为亚太地区、"一带一路"沿线及周边国家提供定位、测速和短报文等项目服务。第二步已顺利完成。第三步，建成"北斗三号"系统，即建成北斗全球卫星导航系统，2018 年已建成，投入全球服务。2020 年前后，建成由 30 颗左右卫星组成的北斗全球卫星导航系统，即"北斗三号"。到那时，我们在世界上任何

一个地方都可以享受到"北斗"服务。此时的"北斗三号"采用了一系列创新技术，达到国际先进水平。

身边的"北斗"

自 2013 年以来，"北斗"迎来了高速发展期，在农业、海洋渔业、民航、交通运输、应急救援、防灾减灾、燃气等各领域得到规模化应用。航天科技集团高级技术顾问、北斗卫星导航系统工程首任总设计师孙家栋院士说："'北斗'的应用，只有想不到的，没有做不到的。" 在民航领域，北斗卫星导航系统首次在中国完全自主设计并制造的支线客机 ARJ21-700 飞机上进行了测试，试验取得圆满成功，正式拉开了国产卫星导航系统在国产民用客机应用的序幕。2014 年 3 月，马航 MH370 航班失联，安装了北斗定位导航设备的中国海警 3411 船是第一个赶到的国内公务船。2008 年汶川大地震，北斗卫星导航系统所特有的短报文功能迅速"上线"，为灾区和外界的联络起到了至关重要的作用。利用北斗系统构建的海鲜 B2B 电商平台——"海上鲜"，可让买卖双方即时获取渔船在海上的捕捞信息。采购商家掌握捕捞信息后，就可以直接通过手机软件下单，渔民们也可根据收揽的订单进行捕捞。在海洋上，海员与亲朋好友的联络成为一件"奢侈"的事，卫星电话费用超贵，大多数海员用不起。此时，"北斗海聊"应运而生。用户在手机上安装"北斗海聊"APP 后，即可在 APP 上发送免费的短信给陆地上的亲友，亲友收到手机短信后也可直接回复信息。

世界上的卫星导航系统

中国的北斗卫星导航系统发展极快，自 2018 年 12 月 27 日起，已向全球投入服务，这使中国在亚洲卫星导航竞争中处于优势地位，成为中国从航天大国走向航天强国的重要标志。

世界上的卫星导航系统比较知名的除中国"北斗"系统外，还有美国的 GPS 系统、俄罗斯的 GLONASS 系统和欧盟的伽利略系统。其中，GPS 系统应用最为广泛。

返回式卫星的再生

提到返回式卫星，大家并不陌生。到 2006 年为止，我国共进行了 24 次返回式卫星的成功发射。通过这些实践，我国掌握了返回式卫星的总体设计、制造、发射和回收等关键技术。由于需求等方面的原因，我国返回式卫星发展告一段落，但并不代表返回式卫星退出历史舞台。

为什么再次发射返回式卫星

返回式卫星按照用途一般可分为遥感、航天育种和空间科学实验三种。以往我国发射的返回式卫星均为

遥感或航天育种卫星，而此次发射的"实践十号"是我国首颗微重力科学实验卫星。这是因为以往我国发射的返回式卫星中有个别卫星曾经搭载过一些微重力科学实验的载荷，但主任务不是进行微重力实验，而"实践十号"是一颗专门用于微重力科学实验的卫星。它于 2016 年 4 月 6 日 1 时 38 分，按照预定窗口时间，由长征二号丁运载火箭在酒泉卫星发射中心发射升空。卫星进入预定轨道，发射任务取得圆满成功。

另一方面，以往我国发射的返回式卫星大部分是胶片回收型遥感返回式卫星，随着数据传输型遥感卫星的成熟，我国不再发射胶片型遥感返回式卫星，这也是世界遥感卫星的发展趋势。进入 21 世纪，返回式卫星的应用开始转型，由遥感向空间科学实验转变。

近年来，我国空间科学实验的需求开始增多，"实践十号"卫星就是这个背景下的产物。可以说"实践十号"拉开我国使用返回式卫星进行空间微重力科学实验的序幕。

精心设计"实践十号"

保证卫星的微重力指标达到要求是"实践十号"的首要目标。研制团队精心设计，采用"3+1"的方法提高了卫星的微重力水平。一是选择了一条合适的圆轨道，这个轨道的大气阻力较小，微重力水平均匀且满足要求；二是自控发动机采用单组元推力器代替了冷气推力器，使其对卫星微重力的影响大为减少；三是卫星平台和载荷有大量的活动部件，这些活动部件的存在对卫星微重力有很大的影响，在设计过程中就需要采用多种方式抑制这种影响。此外，卫星增加了微重力测量监视设备，可以实时监测卫星上的微重力水平并将数据提供给客户，客户可以根据实验特点剔除微重力的影响。

除了微重力水平保证，卫星热控也是团队重点攻关的方向之一。"实践十号"卫星搭载了更多的载荷，仅回收舱的载荷功耗就达到近 300 瓦，比原来的返回式卫星增加了近 10 倍。如果原来的返回式卫星，返回舱内的热量为一盏电灯，而"实践十号"则像放了一个电烤炉，散发出的热量大幅增加。更麻烦的是，"实践十号"卫星回收舱外部覆盖了厚厚的烧蚀材料，导致卫星的散热性能很差，如果不采取降温措施，舱内的温度就会太高，无法开展实验。为此，"实践十号"采用主动热控方案代替了以前的被动热控方案。此外，返回舱在大气层再入时外表要承受高温烧蚀，返回舱外壁之间采用了多层隔热装置，这样可以确保返回时舱内温度也满足要求。

奇趣实验多

在"实践十号"返回式卫星上，进行了多达 19 项新奇又有趣的实验，这些科学实验具有创新性很强的科学研究价值，将实现学术上重大问题的突破。下面介绍几项：一、微重力条件下哺乳动物早期胚胎发育研究。在国内外，迄今尚未见到在空间微重力实验条件下，成功进行哺乳动物早期胚胎体外发育研究的报道。这一实验首次在太空环境中观察小鼠早期胚胎的发育过程，并探讨太空环境对胚胎发育的作用。二、空间辐射对基因组的作用和遗传效应研究。实验通过检测太空旅行前后小鼠细胞和果蝇的样本，定量研究空间辐射对基因组稳定性改变的效应，为太空辐射的风险和防护研究提供新的基础数据和检测手段。三、空间环境

对家蚕发育的影响与变异的研究。在微重力状态、空间辐射、超真空等不同于地面的因素对动物生命活动是否产生影响，以及其影响的程度，都是人们迫切需要了解的问题。已有研究表明：空间环境能够诱变家蚕。但是，诱变过程中哪些基因发生了变化，都是未知数据。这一实验在空间连续培养家蚕胚胎12天，研究空间条件下家蚕胚胎基因表达的特征，并将这些研究结果和方法推广到其他的生物研究之中。四、微重力下细胞间相互作用的运动规律研究。科学家已发现进行空间活动的航天员有骨质流失、肌肉萎缩、免疫功能下降和心血管系统异常等一系列生理改变，足以影响航天员的生活质量和能力，尤其是长期飞行，甚至可能引起不可逆的变化。这一实验将为航天员空间生理变化寻找应对措施提供科学与技术支撑。五、非金属材料在微重力环境中的着火及燃烧特性研究。在载人空间飞行过程中，航天器舱内的火灾事故是最令人恐惧、危害最严重的一种。防火安全是载人航天器设计和运行中必须妥善解决的重要问题之一。为最大程度预防航天器舱内火灾的发生，首先需要掌握所使用的非金属材料的防火特性，建立材料选用和使用规范，对不得不使用的可燃材料，根据其燃烧特性制定相应的火灾预防办法。六、微重力环境电流过载下导线绝缘层着火烟的析出和烟气分布规律研究。此研究可为解决中国载人飞船及空间站防火等提供不可替代的技术支撑。七、胶体有序排列及新型材料研究。实验有望获得大尺寸高品质金属纳米晶体。八、微重力下煤燃烧及其污染物生成特性研究。煤炭在中国能源消费中占很高的比例，带来较大的污染。在微重力环境下，观察煤炭燃烧和污染物生成的基本规律，有望获得一些地面无法得到的基础数据，发展更完善的煤燃烧理论，帮助人类更好地利用煤炭资源。

"实践十号"的特点

其一，"实践十号"不用整流罩。大多数卫星发射后，一段时间里都包裹在火箭顶端的整流罩之内，火箭上升到一定高度会听到"抛整流罩"的口令。这个时候，我们就能看到卫星了。但是，此次"实践十号"采用无整流罩发射。这是为什么？火箭整流罩主要用于保护卫星及其有效载荷，以防止火箭上升过程中卫星受气动力、气动加热及声振等有害环境影响。"实践十号"是一颗返回式卫星，卫星外部采用热控涂层来控制外热流对卫星的影响，这种热控涂层能够经受卫星返回舱再入返回时的高温烧蚀，而发射过程中卫星遇到的气动加热远远低于再入返回。因此，"实践十号"就不需要整流罩。

其二，"实践十号"没有太阳帆板，而且表面也没有安装太阳能电池板。卫星运行期间所需要的电力来源于卫星上安装的蓄电池，在轨运行阶段靠锂电池供电，而再入返回过程中则靠返回舱内安装的锌银蓄电池。返回式卫星之所以采用蓄电池供电，主要是它在轨运行的时间比较短，卫星上安装的蓄电池就可以满足要求。此外，太阳帆板的颤振也不利于微重力水平的提高。那么，是不是返回式卫星都不会安装太阳帆板？当然不是，国外有些返回式卫星就采用了太阳帆板。

其三，"实践十号"整星水平运输不应超过24小时，卫星转运过程中一般装在专门的包装箱内，采用水平运输的方式运到发射场。由于"实践十号"产品的特殊要求，整星水平运输状态不能超过24个小时，这是为什么呢？主要制约因素是电池。为了简化流程，在进发射场之前，"实践十号"已经安装了锂电池，这种蓄电池里面有电解液，按照电池的使用规范，电池侧置和倒置的时间都不能超过 24 个小时，否则有可能发生渗漏。

返回式卫星

返回式卫星一般由返回舱和仪器舱组成，在完成任务后返回舱携带任务成果返回地面，仪器舱则可以留在轨道上运行。

火星探测起点高

　　我国绕月探测工程首席科学家、中国科学院院士欧阳自远认为，我国火星探测必须坚持在较高的起点开展研究工作，才能尽量缩小与国外先进水平的差距；同时，要具有创新性。国外火星探测逐渐发展到环绕和着陆探测相结合，近年来已经发展到以巡视探测为主的阶段。随着我国航天技术的进步和对火星表面了解程度的加深，直接跳过单纯环绕探测阶段，将环绕探测与巡视探测相结合，是我国高起点开展火星探测的理性选择。在前不久举行的首个"中国航天日"及中国航天发展有关情况发布会上介绍了"十三五"开局之年，中国火星探测任务正式立项，在"十三五"规划的末年，就是2020年左右发射一颗火星探测卫星。

探测火星和探月的不同处

　　一句话，不可同日而语！首先是距离大不一样。火星距离我们最近约为 5500 万千米，最远则超过 4 亿千米。月球与我们的距离最近为 36.2 万千米，最远 40.6 万千米，连个零头都不到！这就涉及一个重要指标——发射窗口。探月每月有一个发射窗口，而火星探测每隔 26 个月才有一次发射窗口。由于火星在自己的轨道上运行着，为了使探测器到达火星轨道时，火星也恰好运行到同一地点与之相会，这就要求探测器从地球出发时，火星和地球有一个特定的相对位置，这一相对位置对应的时间就是发射窗口。这 26 个月才有一次发射窗口是计算出来的，千真万确。因此，向火星发射探测器，若错过了发射窗口，就得再等 26 个月。月球探测器发射后几天就可到，而到火星则需要 6 至 10 个月。也由于距离遥远，向火星发信号至少需要 15 分钟才能到，信号返回还需要同样的时间，距离带来的通信和测控问题，探月几乎不存在。另外，火星环境和月球环境也大不一样，在这里不多说了。还有，探测的重点不一样。月球探测的重点是资源和能源，毕竟月球距离地球近，今后有条件，人类可以去开发，而火星探测在科学上最关心的是生命的探寻和火星的演化历史，火星最像地球，看能不能改造成第二个地球。

火星探测的科学目标

中国火星探测计划既要建立中国的火星全球数据库，又要在前人的基础上有独特的贡献。从科学目标来说，重点有以下几个方面：第一，通过全球探测和区域探测相结合，完成火星全球地形、地貌、土壤和岩石的成分的勘测，获取火星全球数据，研究火星演化的历史；第二，监测火星全球环境，包括火星电离层、磁场、气象变化等，火星大气压低，风速快，容易产生台风、飓风和沙尘暴；第三，探寻火星生命或曾经存在过生命的痕迹。

2009年6月10日，中国科学院公布了"中国2050年科技发展路线图"。其中指出，到2050年左右，要实施载人登陆火星的战略目标。中国的火星探测计划共分为4个阶段：第一阶段为准备阶段，对火星环境进行分析研究，制定探测目标，技术研发和寻求国际合作；第二阶段，发射环绕火星的卫星，探测火星的环境（包括火星磁场、电离层和大气），为今后探测火星软着陆做准备；第三阶段，发射火星着陆器和火星车，在火星上软着陆，并为在火星上建立观测站做准备；第四阶段，建造火星表面观测站，即在火星上建立观测站，并建立由机器人照料的火星基地，大力发展地球—火星往返式飞船，为今后的载人火星飞行和建设有人观测的基地提供条件。

"萤火1号"壮志未酬

　　"萤火1号"是我国探测火星的先行者。研制团队从2006年10月开始预研，到2009年6月胜利完成，仅用了32个月（一般需要5年左右）。他们克服的技术难关数不胜数，其中尤以在 −260℃ 的超低温环境中，"萤火1号"不会被"冻死"的"深冷环境适应性技术""活动部件及电子器件的休眠唤醒技术""整星磁清洁控制技术""深空测控技术"和"姿控自主控制技术"这5道关隘最为艰难。"萤火1号"高60厘米，长和宽均为75厘米，太阳帆板展开可长达7.85米，重110千克，设计寿命为2年。装有8样特种设备，用以探测火星的空间磁场、电离层和粒子分布及其变化规律，探测火星大气离子的逃逸率，探测火星的地形、地貌和沙尘暴以及火星上水分消失的原因等等。

　　根据计划，"萤火1号"需要先搭载在俄罗斯的"福布斯—土壤号"火星探测器上飞行10个月，然后分道扬镳，独自进入绕火星的椭圆形轨道，实施探测任务。2012年11月9日，俄罗斯的"福布斯—土壤号"火星探测器发射升空。它的主要目的是从火卫一上采集土壤样本并送回地球。该探测器同时搭载了中国首颗火星探测器"萤火1号"，这是中俄联合探测火星的一次计划。不幸的是，该探测器主发动机始终"沉默"。意外事故的出现，最终导致"福布斯—土壤号"和"萤火1号"双双夭折！

"提森特"火星陨石

"提森特"火星陨石于2011年7月降落在摩洛哥的沙漠中，并很快就被收集到。它是迄今为止最新鲜的火星岩石样品，最大限度避免了地球的污染和风化。我国林杨挺研究团队自2012年4月至2013年12月，对"提森特"火星陨石开展了系统的精细分析测试与研究，发现了火星陨石中的几微米大小的碳颗粒。为了进一步确认这些有机质来自火星本身，林杨挺研究团队利用纳米离子探针进一步分析，分析结果表明，这些有机质的氢同位素组成完全不同于地球上的有机质，而是具有典型的火星物质特征，因此可以确定它们是来自火星并没有被地球物质污染。

小卫星照亮大太空

　　近些年来，小卫星技术日新月异，截至 2014 年底，全球在轨运转航天器总计 1317 颗，其中 500 千克以下小卫星达到 414 颗，占比接近三分之一。这表明微小卫星已成为世界航天活动高速发展的主要推动力和重要发展领域，这也预示着未来航天发展的重大变革。现代小卫星和 20 世纪 70 年代以前生产的小卫星大不一样，现代小卫星用高新技术和新设计思想研制，比后者功能强很多，技术含量大大增加，能广泛用于商业通信、航天遥感、空间科研和行星探测等。所以，现在一般把 20 世纪 70 年代以前发射的小卫星叫传统（简单）小卫星，20 世纪 80 年代以后发射的小卫星称现代高性能小卫星。进入 21 世纪后，越来越多的国家开始重视和发展小卫星，从而在全世界掀起了新的小卫星热潮。1995年左右，小微卫星在我国开始发展。1997 年中科院的双向数据通信微卫星"创新一号"立项研制。"创新一号"质量只有约 88 千克，是我国研制的第一颗微卫星，2003 年 10 月 21 日，它和"资源一号"卫星共同由长征四号乙火箭发射升空。另据资料报道，从 2017 年起截至 2023 年，正常情况下，全球将发射近 1760 颗质量在 50 千克以下的微小卫星，平均每年发射 251 颗；乐观情况下，全球将发射近 2400 颗质量在 50 千克以下的微小卫星，平均每年发射 343 颗。

小卫星划分

在我国，重量在 1000 千克以下的卫星称为小卫星。国内小卫星又可细分为几个等级，例如：重量为 500 ~ 1000 千克的卫星为小型卫星，重量为 100 ~ 500 千克的卫星为微小卫星，重量为 10 ~ 100 千克的卫星为显微卫星，重量为 1 ~ 10 千克的卫星为纳米卫星，重量为 0.1 ~ 1 千克的卫星为皮型卫星，重量小于 0.1 千克的卫星为飞型卫星。国外一般称重量在 500 千克以下的卫星为小卫星。随着认识的不断加深，人们意识到仅仅以重量作为划分小卫星的依据是不够的。1999 年，美国斯坦福大学汤姆·肯尼教授对微纳卫星提出了新的概念，把重量为 1 千克左右、体积约为 10 厘米 ×10 厘米 ×10 厘米的卫星，称为 1U 立方体卫星，立方体卫星是现代小卫星的一个新创举，因为它易于快速实现标准化、模块化和技术更新。目前，世界上有多家研究机构与企业正在专门研制、生产和供应标准化、模块化的立方体卫星。仅仅用了几年时间，立方体卫星已从创新概念、系统设计、技术实现、飞行实验发展到具体空间应用。近年，在立方体卫星的基础上又出现了手机卫星，在全球产生了巨大的影响。所谓手机卫星就是以立方体卫星为卫星平台，以智能手机为有效载荷的新型卫星。2013 年 2 月，英国萨瑞卫星公司研制的全球第一颗智能手机卫星"萨瑞培训研究和纳卫星演示 1 号"升空，采用手机对卫星进行控制，也是全球第一个采用 3D 打印零件进入太空的航天器。随着技术的发展和卫星设计思想的创新，卫星小型化趋势愈发明显，皮型卫星技术已逐渐成熟，飞型卫星也正实现技术突破。在 2015 年 9 月 20 日我国发射的 20 颗微小卫星中，有 4 颗 0.1 千克级的飞卫星——"星尘"1 号、2 号、3 号、4 号，它们是国内首批飞卫星，也是世界上最小的卫星之一。

小卫星越做越小

究其原因，或许有这样几方面：一是芯片技术、电子设备、计算机（包括软件）和信息技术等迅速发展，市场上的产品和设备性能日益提高，但价格持续下降。微小卫星充分利用这些产品，经过一定筛选后完全符合发射升空的要求，这是保证微小卫星飞速发展的物质条件。二是立方体卫星易于标准化、模块化。目前国际上已经有多家企业专门制作和出售 1U、2U、3U 等立方体卫星结构部件，以及一些典型模块，如星敏感器，微小型飞轮等。用户可以按需选购，也可以根据最新要求定购。采用这些标准化、模块化产品，既方便经济，又能保证可靠性。三是微型推进系统逐渐成熟。微小卫星姿态确定和控制系统逐渐成熟，已经成功应用于微小卫星。

发射方式变异

小卫星技术的迅猛发展与其发射方式增多、成本降低密不可分。"一箭多星"发射已成为目前小卫星发射的主流方式。比如，美国和俄罗斯相继完成"一箭二十九星"和"一箭三十二星"的发射。2014年1月，美国又创造了"一箭三十四星"的纪录。采用"一箭多星"的方式发射，提高了发射利用率，降低了单星发射成本和进入太空的门槛，为创新技术和创新概念提供低成本上天的机会，活跃了商业发射市场的搭载业务，极大地提高了卫星大规模、批量化发射的能力，又为航天创新技术提供了在轨验证机会。另外，从2012年起，美国已多次用货运飞船将立方体卫星送入国际空间站，然后在国际空间站上将小卫星释放到太空。从国际空间站上释放小卫星震动较小，有助于降低设计难度和生产成本，并可充分利用有人参与的优势，在站上进行测试和一定程度的维修，甚至进行组装。总的来看，"一箭多星"已成为小卫星发射的主流方式，在轨释放也逐渐细分为空间站释放、母子卫星释放和在轨分离等多种手段，有"绿叶配红花"的功效。

展望未来

随着微纳技术、一体化多功能结构、空间即插即用等卫星设计思想的创新，卫星小型化和一体化趋势将愈发明显，具有实用性、可靠性高、成本低等特点。据预测：到2020年，全球对1～50千克重量的卫星年需求量激增。此外，在空间微机电系统、新型复合材料技术等推动下，小卫星中的皮卫星技术逐渐成熟，飞卫星也实现了技术突破。卫星体系也将随之进一步完善，由大卫星、小卫星、微卫星延伸至纳卫星、皮卫星、飞卫星。未来，在云计算、大数据技术驱动下，小卫星将与信息技术深度融合，催生出更多创新理念。未来将实现小卫星高度自主化，使微系统技术在航天中的应用从部件级跃升到整星级，从而加速航天器超小型化趋势。

把大卫星的功能"分散"到许多小卫星上，将成为空间系统未来发展的方向。通过多种方式将原有系统分散成若干功能更单一、规模更小、成本更低的小卫星系统，提高空间系统的抗毁能力，增加技术更新的机会。

卫星星座和星群

卫星星座分为有控和无控两种，前者称星座，后者称星群。星座分布在轨道上，主要目的是增加对地面的覆盖面积，或者缩短重访时间。由于各颗卫星受到轨道摄动使轨道位置发生变化。星座轨道保持控制是定期的，几天或几十小时进行1次控制，周期长短由星座轨道摄动大小和星座位置的精度决定。星群根据空间飞行任务的要求，设计各颗卫星在轨位置。当卫星发射成功以后，在运行时期不需要进行轨道操作，也就是说，星群不需要外加控制系统，也不需要轨道操作。星群大部分用于空间环境参数的观测任务，因为卫星有一定寿命，在这段时间卫星因轨道摄动，引起卫星位置变化不影响任务完成。

航天育种

1987 年 8 月 5 日，我国第九颗返回式卫星发射升空，与众不同的是，这颗卫星除完成既定的科研任务外，还破例搭载了辣椒、小麦、水稻等作物种子。正是这颗卫星开启了我国航天育种的大幕。之后，我国又利用返回式卫星、飞船等进行了数十次航天育种试验，取得了很多可喜的成就。而且，到目前为止，除中国外，世界上只有美国与俄罗斯掌握返回式卫星技术。我国搞航天育种则更为现实，更符合国情，也更有利于农业现代化建设。

为什么选在太空

人类在探索太空中已经逐渐发现太空具有很多地面不具备的特点，而这些特点让种子能发生神奇的变化。最明显的是，原本按地球表面重力、磁场等的强度和方向来维持平时自我状态及相互关系的某类细胞，现在都"乱"了，自我状态、相互关系等状态变了，而且变了以后就很难再调整回来，一定会影响到将来发芽时的生长。再考虑到宇宙空间还同时具有真空程度极高、温度相对很低、周围又极其洁净等因素，也都是地球表面不可能同时具备的，也会对植物种子内部各组成单元的运转产生较大影响。

另一方面，也是更重要、更明显、更关键的方面，就是密集、强大、带电并高能的宇宙射线，对种子内部各组成单元的强烈轰击。在宇宙射线面前，种子内部的那些细胞，简直就是一个个庞然大物。如果把某种宇宙射线的粒子比作一颗步枪子弹，那么种子细胞体积，就比地球上曾经出现过的最大的恐龙还要大很多，而种子本身，简直就像是一座喜马拉雅山。实际上，宇宙射线粒子的体积则比步枪子弹还要小，而且速度还更快，快到了不能再快的光速，能量还更高。宇宙射线可以轻而易举、简直就是没有感觉地穿透任何一粒种子。就在穿透种子的过程中，宇宙射线粒子会命中某个或某些染色体、基因片段、蛋白质等细胞内部构成单元，还一定会使它们"受伤"。尽管从整体上看，种子各细胞都依然是完整的，种子本身外表上也看不出来有什么变化，但其单元之间的相互关系被改变了。尤其是DNA，它的存在就是为了复制自己、复制生命。为了完成这个大自然赋予的使命任务，它还具备受伤之后马上就要自我修复的特殊能力。但当它被宇宙射线击中之后，身上的某个或某几个基因片段可能移位了、转向了、脱落了；重组修复过程中，并不能完全按照受伤前的固定模样来恢复。于是，这个变化，就这么保持下来了。当新的基因组合完成之后，这个DNA，在主要表现上与原来的没有什么大的改变，但一定会在某些局部特征上，或者说今后对细胞工作发布的各种指令上，出现重大的改变。这种改变，就是基因变异。当然，不是任意抓一把种子，放到返回式卫星或载人航天器上，到太空中转一圈，回来后种到地里，马上就能获得全新的优质品种了。因为，当种子被送入太空、暴露到宇宙射线流中时，并不是每一粒种子的基因，都会朝着人类希望的方向发生变异，甚至也不是每一粒都会发生变异。这是因为，虽然宇宙射线在太空中无处不在、无时不有，但种子在太空中停留的时间是有限的，所以并不能保证刚好有一股足够强大的射线流穿过它。

根据多次试验的数据统计，送入太空停留数天的种子，平均只有 0.05% 至 0.5% 会发生可以观测到的基因突变。就是说，1000 粒同样的种子里面，只有多则 5 粒、少则半粒，会发生变异。当然，就是这么一个看似很低的概率，就已经远远超过只有二十万分之一的"自然变异"的水平了。种子们在微重力、弱地磁的太空中作绕地运行时，一方面一定会受到宇宙高能射线的照射，另一方面却无法预知会遭遇什么、发生什么。虽然变异后的种子所占比例不大，甚至少得可怜，但并不代表价值不大。

种子从"上天"到"入地"

我们提到的航天育种是航天工程育种的简称，又叫空间诱变育种，是航天技术、生物技术、农业育种技术集成创新的新技术手段。植物种子从上天环游太空到返回地面选育再到结出果实，要经历一个复杂的过程，大致可以分成三步。第一步——地面选种，选择什么样的种子搭载上天，要经过多重筛选，搭载的种子在纯度、净度、发芽率、水分含量上要符合国家作物种子质量标准。每份搭载种子数量，小粒作物一般在 3000 粒以上，大粒作物一般在 1000 粒以上。第二步——空间诱变，利用卫星和飞船等航天器将植物种子带上太空，再利用其特有的太空环境条件对种子进行诱变，产生各种基因变异。事实上，每一次植物种子进入太空后，其基因变异的类型、频率是随机、不可控的。第三步——地面选育，正是因为基因变异的不确定性，当环游太空的种子回到地面后，育种专家会进行地面选育工作，包括地面种植、观察、突变体筛选、遗传稳定性鉴定等，大概需要繁殖三四代进行观察和筛选。一般来说，上过太空的种子除了抗性增强，还容易出现两个变异特点：一个是早熟性状比较明显，特别是水稻能提前成熟 20 ～ 30 天；第二个特点就是果形变大，比如大家常说的 "超级大南瓜" "巨型番茄" 等。

从搭 "车" 到坐 "专车"

最初，育种专家只是等待有航天发射任务时将种子搭 "顺风车" 送上太空。到 2006 年 9 月，我国有了第一颗专门用于航天育种的卫星——"实践八号" 育种卫星。卫星上装载了粮、棉、油、蔬菜、林果、花卉等 9 大类共 2000 余份、约 215 千克的农作物种子和菌种，在太空顺利运行 15 天后，成功返回地面。航天育种实现 "专车" 运输并不容易，"实践八号" 育种卫星从立项到最终飞天也经历了 10 年的坎坷。2003 年 4 月 22 日，国务院批准了国家发改委、财政部、国防科工委《关于审批航天育种工程项目可行性报告的请示》。之后，中国航天科技集团公司、中国农科院、农业部共同组织协调，确定了航天育种工程实施的总体方案，才诞生了"实践八号"育种卫星。由于卫星本身有其自身的重心平衡，种子不能散乱地放在回收舱里，为此，航天技术人员专门量身定做了一种放置种子的架子，里面又分成许多小格，再经过多次试装和振动试验，最终确定了2000多份种子各自的位置。同时，在卫星内还装有多种仪器，对在轨飞行时种子的环境温度、宇宙粒子、微重力等数据进行测量和记录，以便之后进行科学研究。这些大量细致的工作都是为了获得航天育种工程的最佳效果。"神舟十一号"载人飞船返回，其中跟随他们遨游太空并返回的就包括云南、宁夏、陕西等地的特色农作物和药材种子、种苗。在这次飞行任务中，航天员还进行了生菜栽培试验，这也是我国首次在太空人工栽培蔬菜，为未来将要建成的空间站植物工厂奠定了基础。

天外回来，仍旧"干净"

航天育种是不是转基因？当然不是！转基因是在某物种的基因中引入外来基因，航天育种采用物理诱变育种手段，没有外源基因的导入，两者截然不同。很多人对转基因产品的安全性有争议，航天育种的安全性却是确定的。包括后期的地面选育等，是一种很常规的手段，这种变异在本质上和生物界的自然变异并无区别。专门负责植物诱变育种领域的一些技术应用，在过去80年的时间中，没有发现任何问题。还有人疑惑，种子在宇宙射线的冲击下发生了变异，会不会带有放射性？简单来说，空中的放射性物质就像灰尘一样，落在人、地面、物体等表面，造成的污染就是核污染。但经历过宇宙射线辐射的植物种子却不存在这样的问题，因为宇宙射线并不带有能够造成核放射污染的核物质，更不会传递给种子。而且宇宙射线在天空中对植物种子作用是瞬间完成的，种子虽然出现基因变异，却不会接触到任何放射性物质，更不可能带着放射性物质回到地面。

航天育种绘就大美蓝图

据统计，从 1987 年第九颗返回式卫星首次搭载植物种子上天到 2016 年，我国已经进行了 28 次航天育种搭载试验，搭载试验材料 6000 多种，利用航天育种技术先后培育出水稻、小麦、玉米、大豆、油菜、棉花、花生、芝麻、番茄、青椒、莲藕、苜蓿等较为成熟、大量推广的作物新品种。这个全新的 "中国号" 太空作物家族，已经非常壮大了！我们只能简单罗列和描述一下这些太空作物的类别和特点。

一是太空粮食作物。太空水稻，已经形成多个稳定品种，普遍具有穗大粒饱、优质高产、生长期短的特征，平均增产 5%～10%，而且蛋白质含量、氨基酸含量都有大幅增长；太空小麦已经形成矮秆、丰产、早熟的稳定品系，产量比普通小麦高 10%～15%；太空玉米，每株能够结出 6 个左右的玉米棒，味道比普通玉米好得多，而且能够长出多种颜色；还有太空大豆、太空绿豆、太

空豌豆、太空荞麦、太空高粱，个个都是精彩亮相。二是太空蔬菜水果。太空青椒，普遍高产优质、抗病性好，枝叶粗壮，果大肉厚，维生素 C 含量比普通品种增加 20%。太空黄瓜，藤壮瓜多，长度达到 52 厘米，维生素 C 含量提高 30%，铁含量提高 40%，真正是产量大、营养高。还有如太空番茄，除了实现了单株能结上万个果实这样的"冠军纪录"外，其他太空番茄品种平均单果重量也在 350 克左右，最大单果重达 1100 克，平均亩产增加 15% 以上，有时可达 23% 以上。此外，太空甜椒、太空茄子、太空西瓜、太空萝卜、太空大蒜、太空甘蓝……不但都是个头长得大、口感更好吃、营养成分高，而且有的还能出现颜色上的精彩异变，比如能够培育出"五彩椒"，配菜当然更好看啦。三是太空林木草灌。太空林木，目前有太空油松、白皮松、石刁柏，以及杨树、红豆杉、美国红栌等，只不过林木不同于粮食、花卉，选育周期较长，目前还未能形成像其他太空植物那样的规模效益。太空草类种子，有紫花苜蓿、沙米、红豆草、匍匐冰草等，如能将其变异后出现的优秀特征，比如抗寒抗旱能力强、蛋白质含量变高、存活期变长、可以一茬茬连续收割等优点都固定下来，就可以用来在铺设草坪、用作饲料、固沙阻尘等方面发挥重大作用。四是太空经济作物。除了有太空棉花、太空烟草、太空芝麻等这些"大宗作物"外，还有另外一个同样已经兴旺发达、同样能够产生经济效益的"小家族"，就是太空观赏花卉。它们不但品种繁多，而且普遍具有开花数量多、花色变异多、开花时间长等特点，免疫能力、抗虫能力也都有显著增强。除了太空百合、金盏菊、一品红、孔雀草、万寿菊、瓜叶菊、金鱼草、醉蝶花等之外，还有鸡冠花、麦秆菊、麒麟菊、金鸡菊、荷兰菊等等，应有尽有。

除纯粹的种子之外，我们也早已具备将植物本体送入太空进行研究探索的能力了。2002 年 2 月 24 日，"神舟三号"无人飞船搭载着葡萄、树莓、兰花这 3 大类别共 6 个品种的植物，在太空遨游一周后，顺利返回地面。这次飞船搭载，突破了原来只能搭载植物种子的局限性，实现了搭载试管种苗的首次成功，将中国航天育种工作的技术水平又向前大大推进了一步。2016 年 9 月 15 日，成功发射上天的"天宫二号"空间实验室，还携带了水稻、拟南芥等高级植物的种子，并在上面进行种植实验。领先全球、不断壮大的中国航天育种科技产业，将会给国家和民族带来显著的变化。

为什么选择航天育种

育种的方式有很多，但倾全力投入航天育种是因为确实有其独到之处。植物在自然界的突变率非常低，通过自然变异方法要从作物中选出一个变异株，需要相当长的时间。但通过航天搭载、空间诱变这些特殊手段，就能把几十年、上百年的变异过程压缩在七八天、一两个月或者一两年的时间内完成。此举既加快了农作物种子的变异过程，缩短了选育周期，又丰富了育种材料。搭载上天的一个品种，返回以后经过 4 代选育，一般就能选育出 3~5 个甚至更多的变异株来，这大概就是 4 年左右的时间。除了加快变异、缩短育种周期外，航天育种作物的营养成分也得到大幅度增加。

"绿航星际"

　　"绿航星际"是我国一项由 4 名志愿者实施的为期 180 天的受控生态生保系统集成试验。试验取得圆满成功，标志着我国自主掌握的受控生态生保技术达到国际先进水平。"绿航星际"也是我国目前参与人数最多、时间最长的受控生态生保系统，实现了 4 名志愿者所需氧气、水的再生式供应，实现了部分食物的再生式供给，完成了载人试验系统内物质流的动态平衡调控；初步实现了基础环境控制、生物再生生保等功能系统长期协同运行的有效性、稳定性和安全性。"绿航星际"4 人 180 天的

试验中，科学家们利用地球生态循环的基本原理，围绕最主要的"消费者"的需求，人为构建了一个"人—动植物—微生物—环境"的受控生态系统，以期为人类在地外星球的长期生存提供最佳解决方案。

试验舱由 8 个舱段构成，分别是：植物舱 I、植物舱 II、植物舱 III、植物舱 IV、2 个乘员舱（上下层）、生保舱和资源舱，涉及植物培养、大气再生与调控、水再生循环、固废处理、温湿度控制、测控等分系统，可满足开展 6 人长期集成试验的需要。其中植物舱 I、植物舱 II、植物舱 III 和植物舱 IV，植物总栽培面积为 19216 平方米。植物舱 I 用于栽培蔬菜、水果和油料作物，植物舱 II、植物舱 III 和植物舱 IV 用于栽培小麦、马铃薯和部分蔬菜水果等作物，为乘员提供生存所需的食物和呼吸用氧，并同化乘员呼出的二氧化碳。舱内种植的小麦、土豆、甘薯和蔬菜等植物，为 4 名志愿者提供了全部的氧气和 50% 以上的食物。当植物进入生长平稳期以后，更是提供了 80% 以上的食物来源。

试验舱内大气循环、水循环

大气循环方面，中心舱（包括生保舱、乘员舱 I 及乘员舱 II）乘员呼吸作用与资源舱固废转化过程产生的二氧化碳通过舱间通风排放至生物舱，给植物生长的光合作用提供原料；植物光合作用释放的氧气通过反

向管路送至中心舱和资源舱，如此实现各舱间大气成分的循环调控。舱内还配备了大气物化再生系统，由二氧化碳去除装置和电解制氧装置组成。植物刚种植和生长时，其同化作用速率较弱，此时启动二氧化碳去除装置去除舱内多余的二氧化碳，启动电解制氧装置以补充氧，从而保证舱内的二氧化碳和氧气在设定水平内。当植物代谢能力与乘员呼吸代谢匹配一致，两套物化装置停止运行，大气再生进入生物再生阶

段。舱内还配备了大气
净化系统，由微量有害
气体去除装置和微生物
控制装置组成。各个舱
段产生的微量有害气体
通过舱间通风输送至生
保舱或资源舱，由微量
有害气体去除装置进行

集中净化，同时通过微生物去除装置以去除大气微生物，维持舱
内大气环境的健康。

水循环方面，植物通过蒸腾作用产生大量的水蒸气，经过温
湿度控制系统冷凝后，形成冷凝水，其中大部分冷凝水回灌到植
物培养系统，另一部分冷凝水则经过两级微生物处理，降解去除
水中的有机物和氨氮，经过膜过滤、离子交换、灭菌消毒等手段
深度净化后供给乘员生活及饮用。乘员生活过程产生的生活废水
及所排放的尿液经过净化处理后回用到植物培养系统，以补充植
物生长所需的水分和养分，从而形成一个完整的水循环。系统水
循环完成了从少到多直至平衡的转变，系统内植物蒸腾冷凝水日
产生量 700 升到 1000 升，日均供给乘员生活用水 51 升，日均处
理废水约 50 升，完全实现了系统内乘员生活、植物生长所需水的
再生式循环供应。

废物处理方面，在"绿航星际"平台的运行过程中，会持续
产生固体废弃物，主要包括植物不可食部分、乘员餐厨垃圾、固
体排泄物，这些废弃物如果不能快速循环，就会造成大量的碳氢
氧氮元素沉积，受控生态系统的核心物质流循环就会停滞。"绿
航星际"采用了"微生物＋膜分离＋离子交换技术"相结合的废

水处理技术和"高温氧化为主 + 微生物发酵处理为辅"相结合的废弃物处理技术。利用微生物方法降解废弃物的装置，把餐厨垃圾、人体排泄物转换成植物生长所需的肥料；利用高温氧化装置处理植物秸秆，快速将纤维素重新转化为植物需要的二氧化碳，从而实现了较高的废水和废弃物资源化利用效率，并保证了系统中气、液、固物质流的长期协同匹配和动态平衡调控。

多重保障

作为我国首次开展的长达半年的密闭环境研究，"绿航星际"既是一个积累中长期密闭环境下心理保障工作经验的良机，又是对志愿者心理状态保障技术的一次检验。参与这次试验的志愿者为三男一女，从 2000 多名志愿者当中经过三轮严格筛选脱颖而出，其中唐永康、全飞舟为中国航天员中心科研人员，罗杰、吴世云为社会公开招募。科研人员将通过各种技术手段，为

志愿者的生理和心理健康保驾护航。比如，体育锻炼是密闭舱内保持健康必不可少的一环，在未来真正的太空探索过程中也十分重要。试验除了安排常规的跑步机、自行车之外，还将太极拳引入了体育锻炼计划，以研究传统体育项目对特殊环境下人生理和心理的调节效果。试验还配备了心理专家支持团队，制定了一系列的方案，在180天试验期间对志愿者进行针对性心理疏导。比如，从志愿者培训阶段开始，心理专家就结合试验任务的实际需求，通过访谈对志愿者进行深入了解，掌握志愿者对参与试验的心理准备情况，进行积极的心理引导，帮助志愿者排除误区，提升动机和信心。在试验过程中，专家还根据长期隔离试验的心理变化规律，定期对志愿者开展专业心理疏导，维持志愿者良好的心理状态。而社会心理支持主要是让志愿者定期与家人、领导、同事、朋友等的双向视频或电话交流。尤其是与家人的双向视频交流，能够让志愿者产生亲密感，避免长时间与社会隔绝产生的焦虑、抑郁感；针对该阶段的心理变化特点，增加了家属支持的频次。因此，4位志愿者在整个测试中情绪稳定、心理状态良好，团队协作、合理分工、交流互动良好，表现出较好的精神状态，以良好的身心状态圆满完成了"绿航星际"试验。"绿航星际"的成功实践，为长期空间飞行中人的心理调节工作积累了宝贵的经验。

验证前沿科技

3D打印机：在"绿航星际"试验项目中，还配备了以制作食物为主的3D打印机。与平常的3D打印机不同的是，这款3D打印机可以通过温度控制，在原材料出口进行多次加热，这也是3D

打印食物的关键。用 3D 打印技术制作食物，口感并不是最主要的考虑。实际上，该技术可以在人类未来太空探索时最大限度地利用食物原材料，实现更长时间的食物贮存，节约大量物资供给。

免水洗浴：在太空失重环境下，水处于飘浮状态，航天员很难享受到地面上洗浴时的那种舒服感觉。再者，水资源在太空中相当珍贵，需要循环利用，国内外都是通过无水洗浴的方式进行身体清洁。为了验证人在长时间无水洗浴期间产生的心理变化和生理的适应性，"绿航星际"试验将免水洗浴作为一个试验项目，4 名志愿者将面临 90 天无水洗浴的挑战。

"火星 500"试验

俄罗斯组织了一个多国参与的探索火星的国际试验项目——"火星 500"。它是人类首次在地面上模拟登陆火星和返回火星的情景。参加"火星 500"试验的有 6 名志愿者，其中有一位名叫王跃的中国人。他们共进行了 3 次试验：2007 年 11 月 15 日～29 日的隔离试验，2009 年 3 月 11 日至 7 月 14 日的第二阶段试验，2010 年 6 月 3 日至 2011 年 11 月 4 日的第三阶段试验。其中最关键的是第三阶段共 520 天的试验，志愿者顺利完成了"火星之旅"。